棉花干旱风险预警与复水解除技术研究

吉春容　郭燕云　王　进　杨明凤　胡启瑞
霍　文　火勋国　范煜婷　郑新倩　吴　烨
买买提艾力·买买提依明　杨兴华　刘新春　编著
刘　艳　杨　帆　向　导　王　森　王雪姣
杨卫君　周成龙　谷　然　李战超　田　苗
阿吉古丽·沙依提　陈　雪　刘爱琳

气象出版社
China Meteorological Press

内容简介

干旱及水资源缺乏是新疆棉花产业发展的重大限制因素，本书围绕滴灌模式下棉花干旱风险预警与复水解除技术开展研究。采用农田土壤水分精准模拟试验，研究了棉花形态生理特性、产量对持续干旱胁迫的响应变化及影响机理，构建了棉花干旱风险预警等级。开展干旱复水模拟试验，探讨了膜下滴灌技术对棉花生长的影响，揭示了复水程度、复水时间对不同程度干旱的解除效应，明确了棉花干旱解除临界条件和复水等级。研发了棉花气象灾害风险预警服务系统，实现了基于棉田位置、分生育期、分灾害类型、分影响等级的棉花生长气象条件评价、灾害监测预报与风险预警服务。研究内容对于科学诊断棉花干旱、合理节水灌溉、制定抗旱应对措施具有重要的理论和应用价值。

本书可供从事农林业气象科研、服务以及农业科技、生产管理的部门和人员参考。

图书在版编目（CIP）数据

棉花干旱风险预警与复水解除技术研究 / 吉春容等编著. -- 北京 : 气象出版社, 2024.1
ISBN 978-7-5029-8095-5

Ⅰ. ①棉… Ⅱ. ①吉… Ⅲ. ①棉花—旱灾—灾害防治—研究 Ⅳ. ①S423②S562

中国国家版本馆CIP数据核字(2023)第215559号

棉花干旱风险预警与复水解除技术研究
Mianhua Ganhan Fengxian Yujing yu Fushui Jiechu Jishu Yanjiu

出版发行：气象出版社
地　　址：北京市海淀区中关村南大街 46 号　　邮政编码：100081
电　　话：010-68407112（总编室）　010-68408042（发行部）
网　　址：http://www.qxcbs.com　　E-mail：qxcbs@cma.gov.cn
责任编辑：林雨晨　　终　　审：张　斌
责任校对：张硕杰　　责任技编：赵相宁
封面设计：地大彩印设计中心
印　　刷：北京中石油彩色印刷有限责任公司
开　　本：787 mm×1092 mm　1/16　　印　　张：5.5
字　　数：141 千字　　彩　　插：1
版　　次：2024 年 1 月第 1 版　　印　　次：2024 年 1 月第 1 次印刷
定　　价：40.00 元

序

新疆光热资源丰富，气候类型独特，具有发展棉花生产得天独厚的资源优势。种植棉花历史悠久，自1994年起，新疆棉花种植面积、总产、单产已连续28年位居全国第一（2022），是全国最大的优质棉生产基地。新疆棉花的国际地位也非常突出，面积约占全球种棉面积的8.0％，总产约占全球棉花总产的23.1％（2020），业已形成全球棉花看中国、中国棉花看新疆的格局。习近平总书记2022年在新疆考察时指出，要发展优势农产品、壮大优势产业、促进农牧业绿色高效发展。棉花是我区的重要农产品和极具特色的优势产业，也是农民增收致富的重要渠道，实现棉花的高产和稳产对区域经济和社会的可持续发展至关重要。

农业是气候变化最敏感的领域之一，灾害性天气直接影响着农业生产。国务院印发的《气象高质量发展纲要（2022—2035年）》（国发〔2022〕11号），明确提出实施气象为农服务提质增效行动，面向重要农产品生产保护区加强农业气象灾害监测预报预警能力建设。棉花和纺织服装作为新疆维吾尔自治区人民政府提出重点发展的八个产业集群之一，是新疆现代产业体系的重要支撑。新疆维吾尔自治区气象局作为中国气象局和农业农村部联合认定的第一批全国特色农业气象服务中心——棉花气象服务中心的牵头单位，以预防和减损为核心，围绕棉花生产的全过程开展了全国棉花年景分析、播种期预测、脱叶剂喷施气象等级预报、产量预报、灾害预警等系列化服务，并从棉花气象自动化观测、灾害风险预警、智慧化气象服务技术研发等方面强化联合科研攻关，逐步实现棉花气象为农服务高质量发展，为自治区党委、政府、农口相关部门、广大农户等提供防灾减灾、决策气象服务，取得了显著的社会经济效益。

全球气候变化加剧了气象灾害的发生，新疆棉区各类气象灾害也呈现出多发、频发的趋势，棉花生产首当其冲，面临着巨大的气象灾害风险。新疆棉花种植区域广阔，丰富的光热资源赋予了发展棉花种植业的气候优势，而低温冷害、干旱高温等气象灾害的频繁发生，又在一定程度上直接制约了棉花生产的高质量发展。研发棉花气象灾害监测预警与风险防控技术，对气象服务于新疆棉花生产的防灾减灾、救灾减损非常重要。

新疆维吾尔自治区气象局农业气象科技工作者编写的《棉花干旱风险预警与复水解除技术研究》一书，围绕新疆棉花的干旱胁迫与复水解除问题进行了有益创新和探索研究，揭示了持续干旱对棉花生长的影响机理，探讨了复水对不同程度干旱的解除效应，构建了棉花干旱风险预警等级，明确了棉花干旱解除临界条件和复水指标，并研发棉花气象灾害风险预警服务系统进行了技术服务示范应用，研究成果具有重要的学术、应用价值，对新疆棉花生产的高质量与可持续发展具有重要的指导意义。

何清*

2023 年 8 月于乌鲁木齐

---

* 何清，新疆维吾尔自治区气象局副局长，二级研究员。

前 言

新疆地处我国西北内陆棉区，气候干燥，降水稀少，是全国最大的优质棉生产基地，目前种植面积已超过 3000 万亩，成为各族农民增收的主要来源之一。全球气候变化背景下，新疆农区气象灾害也呈现出多发、频发趋势，新疆棉花生产长期以来一直受到低温冷害、干旱高温、大风沙尘、冰雹等多类型气象灾害的影响。据不完全统计，干旱高温造成棉花生产受灾面积占比为 12.3%。新疆光热资源丰富，具有发展棉花种植业的资源优势，而水分亏缺又在一定程度上直接制约了棉花生产的高质量发展。

自 2015 年以来，中国气象局乌鲁木齐沙漠气象研究所、新疆兴农网信息中心（新疆维吾尔自治区农业气象台）、乌兰乌苏农业气象试验站等部门的气象科技人员，在国家自然科学基金（41975146）、公益性行业（气象）科研专项（GYHY（QX）201506001-14）、新疆维吾尔自治区自然科学基金（2021D01B13 和 2022D01A295）、自治区重点研发专项（课题）、中国沙漠气象科学研究基金、新疆气象科学研究等科研课题的支持下，围绕膜下滴灌干旱和复水对棉花生长的影响机理、棉花干旱风险预警与复水解除技术研发及服务应用等方面开展了研究。本书共分为 6 章，第 1 章介绍了干旱胁迫对棉花生长的影响，主要由吉春容、郭燕云、霍文、杨卫君、谷然、孙玉华、刘爱琳等完成。第 2 章介绍了干旱复水对棉花生长的影响，主要由吉春容、胡启瑞、范煜婷、刘艳、张悦、陈泳帆、陈雪等完成。第 3 章介绍了膜下滴灌技术对棉花生长的影响，主要由吉春容、王进、火勋国、向导、许浩翊、田苗、王小军、孙帅等完成。第 4 章介绍了膜下滴灌棉花干旱风险预警技术，主要由杨明凤、吉春容、王雪姣、杨兴华、吴烨、邹陈、白书军、侯慧杰、杜峰、王曼等完成。第 5 章介绍了膜下滴灌棉花干旱复水解除技术，主要由吉春容、王森、杨明凤、刘新春、买买提艾力·买买提依明、杨帆、刘勇、张玲、季芬等完成。第 6 章介绍了棉花气象灾害风险预警服务系统，主要有吉春容、郑新倩、李战超、周成龙、孔子铭、西尔扎提·阿不都克力木、阿吉古丽·沙依提、李迎春、张山清、张祖莲等完成。

本书是在中国气象局乌鲁木齐沙漠气象研究所、新疆兴农网信息中心（新疆维吾尔自治区农业气象台）、乌兰乌苏农业气象试验站、新疆农业大学、西北农林科技大学、新疆维吾尔自治区气象局等科技工作者多个项目成果的支持下完成的，感谢团队及项目组全体成员的辛勤努力。

本书稿凝聚了全体编写人员的精力和心血，是由众多农业气象科技工作者集体写成，虽然多次讨论和修改，但由于种种原因，难免有不当和欠妥之处，敬请专家、读者及广大科研人员批评指正。最后，对参加本书编写的专家们、同事们表示深切的感谢，感谢大家对本书的贡献。

吉春容

2023 年 9 月

目　　录

第 1 章　干旱胁迫对棉花生长的影响

干旱是最主要的气候灾害之一，因其频繁发生、持续时间长、影响范围广，对社会经济尤其是农业生产有着巨大影响(张强 等，2004)。据统计，农业极易受干旱的影响，农田受旱灾面积占农田总受灾面积的 60%，平均每年受旱面积 2.15×10^7 hm^2 左右，损失粮食 100～150 亿 kg(徐向阳，2006)。新疆作为我国最大的产棉区，2021 年棉花播种面积占全国棉花种植面积的 83%，产量占全国棉花总产量的 89%，约占全球棉花产量的 20%(王雪颖 等，2022)。根据国家统计局公布的 2021 年统计数据，新疆棉花种植面积、总产量、单产、商品调拨量已连续 27 年位居全国第一(国家统计局，2022)，是名副其实的“世界棉仓”。地处干旱—半干旱气候区的新疆，干旱及水资源缺乏也成为棉花产业发展的重大限制因素。

1.1　对棉花形态特性的影响

形态指标在棉花抗旱育种中采用得最早，是指利用作物长相、长势等外观特征来判断作物是否缺水及缺水程度，具有简单、实用性强的特点。抗旱性强的作物较非抗旱性作物在水分胁迫下表现出不同的植株性状，而这些植株性状，如根系发达程度、茎的水分输导能力、叶的形态(如叶片大小、形状、角度、叶片卷曲程度、果枝始节节位等)均可作为作物抗旱性鉴定指标(郭纪坤，2007)。

王延琴等(2009)研究了水分胁迫对棉花种子萌发的影响表明，棉花种子在受到不同程度的干旱胁迫时，随着水势的下降，其发芽率、发芽速度、发芽指数、苗高、根长、根茎比、幼苗干/鲜重等均出现不同程度的降低。张原根等(1995)研究发现，棉花抗旱材料幼苗的侧根条数、根重、根苗比远高于不抗旱的材料。形态特征可供参考的其他指标包括株高、出叶速率、干物质累积量、叶面积、主茎生长速度、主茎高度、果枝数、三桃比重以及蕾铃脱落率等。李秉柏等(1995)研究表明，棉花在干旱条件下，生长首先受抑，株高、出叶速率明显减慢。俞希根等(1999)通过对棉花不同土壤干旱程度处理得出，在试验中苗期达到中旱，棉株生长延缓不明显，不良影响在苗期前期影响大于后期。蕾期中旱使棉花生育进程加快。花铃期达到中旱时，对生长影响较大，不但棉株增长缓慢，叶片也相应变小。果枝量少，且伸展慢。重旱时生长停止，产生自然封顶现象；花铃期任何阶段缺水，都会使棉株的总干物质累积量减少(赵都利 等，1992；陈玉梁 等，2013)。

生产中用来进行棉花干旱胁迫比较和分析的形态指标常为定性指标，对于绿洲棉田干旱仍然具有直观的监测指导意义，但形态指标具有一定程度的主观性，同时具有时间滞后性，适用于区域内小范围棉田旱情诊断评估。

1.2　对棉花生理特性的影响

干旱对于棉花各个生育期的影响视持续时间和受旱程度而定，生理生化指标是指通过干旱引起棉花生长发育过程发生变异的各项生理生化表征来判断是否受旱及受旱程度。

1.2.1 作物生理特征指标

在棉花干旱监测方面，利用冠层温度监测水分状况的研究应用较多。冠层温度是判断作物是否水分亏缺的敏感指标之一，研究发现(杨传杰 等，2012；Falkenberg et al.，2007)，在50%田间持水量处理下，棉花的冠层温度明显比75%和100%田间持水量处理下的高，且表现出皮棉产量下降，而在75%田间持水量的水分处理条件下，皮棉产量则无明显下降，这表明合理的节水灌溉是不会影响棉花产量的。对不同土壤水分条件下棉花冠层温度的变化规律研究表明(蔡焕杰 等，1997；Luo et al.，2012)，土壤水分对冠层温度的影响在9:00以前和15:00以后较小、12:00—15:00最大，可选择这一期间晴朗而且稳定的天气条件下的冠层温度来诊断棉花水分状况。棉花冠层温度与细胞液浓度之间存在良好的关系，利用其关系与净辐射、相对湿度和土壤含水量的关系可以评价作物的缺水状况，并可利用该指标进行棉花干旱监测。

冠气温差、水分胁迫指数、水分亏缺指数等是以冠层温度为基础不断衍生的可用于棉花的干旱生理指标。作物冠层温度与气温的差值即冠气温差可用来判断水分胁迫对作物的影响及响应(李柏贞 等，2014)，如计算每日13:00—15:00冠气温差累计值，若该值大于作物开始缺水的临界值，则表示作物发生干旱；也有研究表明，当大气蒸发力较弱时，冠气温差不能真实反映作物受水分胁迫程度(刘灵娣 等，2008；戴茂华 等，2015；刘瑞显 等，2008)。

作物水分胁迫指数(crop water stress index，CWSI)以计算作物实际、潜在蒸散发量比值为基础(Koleva et al.，2008；李纪人，2001)，综合考虑太阳辐射、植物、大气等不同因子对作物水分状况的影响，将干旱划分为重旱、中旱、轻旱、正常等不同等级；也可利用仪器观测的冠气温差值、通过冠层单层能量平衡阻力模式得来的冠气温差上下界限值进行CWSI计算，CWSI在0～1之间，值越大说明受旱程度越严重；与遥感信息相结合，该指标在不同区域的棉花干旱监测中具有较好的适用性(姚玉璧 等，2007；王密侠 等，1996；康西言 等，2001)，但在叶面积指数较低的生长时期或区域则对应用效果存在影响。

水分亏缺指数(water deficit index，WDI)是基于地表混合温度、地表与空气温差等为主要计算因子来反映作物旱情的生理指标，大部分利用遥感探测到的作物和土壤混合温度，因此可在叶面积指数较低时使用，但若作物进行了灌溉，地表混合温度对遥感探测具有的“滞后性”对利用该指标进行干旱监测存在影响(李柏贞 等，2014)。

1.2.2 作物生化特征指标

水分是影响作物生长发育的重要因素，干旱的发生会引起棉花叶绿体结构、光合蒸腾作用过程、生物膜系统、酶活性、细胞渗透调节物质等发生改变，进而影响棉花生长发育和产量，因此叶绿素含量、光合速率、蒸腾速率、气孔导度、叶片水势、叶片相对含水量、脯氨酸含量、可溶性糖含量、丙二醛含量和保护酶活性等生理生化指标的差异变化均可反映作物对水分的胁迫响应。

(1)叶绿素与光合蒸腾特征

叶绿素荧光参数极易受逆境的影响，是快速、灵敏无损伤的研究和探测植物光合生理状况及植物与逆境胁迫关系的理想方法。叶绿素含量作为反映作物健康程度的生理生化指标之一(李柏贞 等，2014)，在作物发生干旱时，利用仪器直接观测的叶片叶绿素含量高低，可直接反映受影响程度。作为植物重要的生理活动光合作用，光合速率大小与作物体内的水分状况直接相关，而土壤中的水分是作物体内水分的直接供应者，因此光合速率大小与土壤水分状况间接相关。另外，作物主要依靠蒸腾作用将水分运送至各器官，当水分亏缺时，蒸腾速率会有所下降。同时，植物的光合、蒸腾作用均通过植株气孔完成，土壤水分不足作物发生干旱时，植株叶片气孔部分关闭、气孔阻力增加、气孔导度变小，蒸腾速率会下降，光合作用也会受到影响。

叶片（植株）相对含水量、叶片水势能定量反映作物叶片中的水分状况，直接反映作物生理干旱特征。作物受旱时，叶片水势会迅速下降，其与蒸腾速率、大气水势和叶片气孔阻抗等因素有关（李柏贞 等，2014），特征值可以通过仪器直接观测而得。研究表明（戴茂华 等，2015），干旱处理显著降低了棉株凌晨叶水势、土壤相对含水量、净光合速率、气孔导度、蒸腾速率，导致叶温升高，进而影响了棉株的光合生理过程和干物质形成。但在不同生育期影响棉花的关键指标有所不同（李志博 等，2011），苗期为叶片相对含水量和叶绿素含量，盛蕾期为叶绿素含量和叶面积，花铃期为相对含水量，而吐絮期为叶绿素含量和叶面积。叶片叶绿素含量几乎和各个生育期的抗旱性都密切相关，对棉花抗旱性有重要作用，而棉花植株含水量随干旱胁迫程度增加呈降低趋势，二者均能够作为监测棉花干旱胁迫的指标。

(2)渗透调节物质与酶活性特征

渗透调节是植物体耐受胁迫环境的重要生理机制，植物细胞可通过脯氨酸、可溶性糖等物质的含量来保持渗透势平衡，含量越高、调节能力越大、抗逆境能力越强。同样，植物细胞内的保护酶系统如超氧化物歧化酶（superoxide dismutase，SOD）、过氧化氢酶（catalase，CAT）、过氧化物酶（peroxidase，POD）等，酶活性越高，消除自由基的能力越强，植物的抗逆性也越强。而丙二醛作为膜脂过氧化的分解产物，其含量变化可以反映植物遭受逆境伤害的程度（戴茂华 等，2015）。

研究表明（杜传莉 等，2011），干旱胁迫下，棉花叶片脯氨酸、可溶性糖等渗透调节物质的含量增加，CAT，SOD，POD 保护酶活性提高，抵御干旱的能力增强。耐旱型棉花品种通过增加根系渗透调节物质游离脯氨酸含量来提高其耐旱性，其 SOD 活性随着干旱处理时间延长而增加（曹让 等，2013；刘灵娣 等，2009；费克伟 等，2013）。盆栽棉花和大田棉花叶片的脯氨酸含量、丙二醛含量、可溶性糖含量均随干旱胁迫程度的增加而增加（杜传莉 等，2011；罗宏海 等，2013）。随干旱胁迫加强，百棉 1 号叶片中脯氨酸表现为处理 2 d 后开始线性增加（胡根海 等，2010）；不同品种棉叶中游离脯氨酸含量呈上升趋势（艾克拜尔·伊拉洪 等，2000），抗旱品种新陆早 7 号在干旱胁迫前期游离氨基酸含量增加慢，后期增加快；但抗旱性较差的新陆早 24 号游离氨基酸含量的变化趋势与新陆早 7 号相反，上升趋势不明显（曹让 等，2013）。棉花叶片脯氨酸含量随灌水量的降低而升高，且与土壤含水率呈负相关关系（杨传杰 等，2012）；干旱胁迫下不同品种各部位果枝叶中脯氨酸含量均比对照增加（刘灵娣 等，2008），脯氨酸可以作为棉花抗旱性的参考生理指标，作为灌溉管理的依据。

刘灵娣等（2007）指出干旱胁迫导致棉花不同部位内围果枝叶片可溶性糖含量均有不同程度的增加。花铃期短期干旱结束时，棉花叶片可溶性蛋白含量、丙二醛（malondialdehyde，MDA）含量增加（戴茂华 等，2015）；干旱胁迫条件下棉花的纤维可溶性蛋白含量较正常灌水处理显著降低，MDA 含量增加；在复水后第 10 d，干旱处理棉花 MDA 含量降低（刘瑞显 等，2008），干旱后一定时间内进行复水可一定程度上缓解干旱胁迫带来的不利影响，但复水的时间点非常关键。

生产中利用生理生化指标进行棉花干旱判断，主要是通过田间取样（植株或器官）进行测定，其对绿洲棉田干旱监测具有科学的理论指导意义，更适用于科学试验研究，且不同时间、不同方法、不同部位的观测结果均会存在差异，因此取样的代表性至关重要。

1.3 对棉花产量的影响

作物的抗旱性最终要体现在产量的高低上，抗旱系数（周牡丹，2014）（抗旱系数＝胁迫下的平均产量/非胁迫下的平均产量）和干旱敏感指数（I_{ds}）（周牡丹，2014）（I_{ds}＝[1－抗旱系数]/环境胁迫程度），是从产量上反映抗旱性的重要指标。俞希根等（1999）研究表明，中度干旱对产量的影响大小趋势是，苗期＜成熟期＜蕾期＜花铃期和全生育期。花铃期是棉花需水的临界期，也是灌溉的重要关键期；蕾期对水分的反应是比较敏感的，亦是水分关键期。从子棉产量与构成因素、持续干旱对棉花衣分和产量器官干物质积累效率的影响等方面研究了棉花花铃期土壤持续干旱胁迫对产量形成的调节效应，其结果表明持续干旱对子棉产量影响为单株成铃数＞成铃率＞单铃重，而短期干旱胁迫则增加成铃数最终使得子棉增产（蔡红涛 等，2008；牛玉萍 等，2016；王娟，2016）。

减产百分率模型指标（L）是反映不同生育期缺水对作物产量的影响，引入耗水量及作物在不同生育阶段水分敏感系数进行综合计算确定（李柏贞 等，2014）：

$$L=\left(1-\frac{Y}{Y_{\mathrm{m}}}\right)\times 100\%=\left[1-\prod_{i=1}^{n}\left(\frac{ET_{\mathrm{a}}}{ET_{\mathrm{m}}}\right)\binom{\lambda_i}{i}\right]\times 100\% \tag{1.1}$$

式中：Y 为实际产量；Y_{m}为使用作物光温生产潜力计算的最大产量；n 为作物的生育阶段；λ_i为作物在第 i 阶段的水分敏感系数，反映不同生育期缺水对作物产量的影响程度；ET_{a}为实际耗水量；ET_{m}为最大耗水量。在冬小麦应用中提出的干旱指标分为 4 级，轻旱（减产小于 10%）、中旱（减产 10%～20%）、重旱（减产 20%～30%）、严重干旱（减产大于 30%）。

作物产量（Y）按对其影响因素的性质可分解为趋势产量（Y_{t}）和气象产量（Y_{w}），即：

$$Y=Y_{\mathrm{t}}+Y_{\mathrm{w}} \tag{1.2}$$

趋势产量反映了因时间延长、生产水平提高而不断上升的部分，气象产量体现了天气气候变化引起的波动部分。研究表明（薛晓萍 等，1999），棉花整个生长期内，各生育阶段降水均对产量影响较大，可利用气象产量与影响显著的降水因子进行模拟构建棉花生产旱灾损失模型，从而阐明降水对棉花各生育阶段的影响程度，及早对干旱风险进行评估。

作物对不同阶段缺水的敏感性不同，不同生育阶段发生干旱缺水对作物的危害有所不同。根据作物在各个生长阶段的最大蒸散量与相应的作物产量、全生育期作物的干旱模拟计算结果，结合水分生产函数选用 Jensen 模型可模拟计算作物由于缺水所造成的减产量（吴凤燕 等，2004）：

$$\frac{Y}{Y_{\mathrm{m}}}=\prod_{j=1}^{n}\left(\frac{ET_j}{ET_{\mathrm{m}j}}\right)\lambda_j \tag{1.3}$$

式中：n 为生育阶段数；ET_j为第 j 生育阶段实际蒸散量；$ET_{\mathrm{m}j}$为最大蒸散量；λ_j为第 j 生育阶段水分敏感系数；Y，Y_{m}分别为作物实际产量、作物最大产量。

干旱对棉花的影响，无论是不同阶段、全生育期，或是形态、生理生化特性发生变异，最终的影响均通过产量或产量结构来体现。此类指标在绿洲棉田产量预报方面具有重要的指导意义，同时需要考虑覆膜滴灌模式下绿洲棉田水分利用效率的改变，进而对应的产量干旱响应指标敏感程度会有所不同。

1.4　棉花干旱胁迫土壤水分指标

土壤干旱指标主要基于土壤湿度状况描述作物对水分胁迫的响应，间接反映了土壤含水量对作物生长发育的限制作用，主要包括土壤相对湿度、相对湿润度指数、土壤有效水分存储量、农作物水分综合指标、作物供需水指标、帕尔默干旱指数等。

1.4.1　土壤水分指标

土壤水分指标是棉花在干旱胁迫下指导灌溉的一个最直接和有效的指标，一般用田间持水量来反映。对棉花适宜土壤水分下限的研究表明(俞希根 等，1999；薛晓萍 等，1999)，棉花漫灌模式下，各生育阶段适宜水分下限指标(占田间持水量百分数)为苗期 55%、蕾期 60%、花铃期 70%、成熟期 55%，提出比适宜水分下限低 10%～15%为中旱，低于 10%为轻旱，高于 15%为重旱；灌溉决策中田间干旱诊断的目的是保持土壤水分始终在作物适宜含水率范围，避免其降到干旱成灾的含水率水平(俞希根 等，1999；陈玉梁 等，2013)。因此，可通过田间测定的土壤含水率与作物适宜土壤含水率对比来诊断作物不同生育阶段的土壤干旱。

土壤含水量与田间持水量的百分比为土壤相对湿度(R)，根据 R 进行的干旱等级划分标准包括 5 个级别，分别为特旱($R\leqslant 30\%$)、重旱($30\%<R\leqslant 40\%$)、中旱($40\%<R\leqslant 50\%$)、轻旱($50\%<R\leqslant 60\%$)、无旱($R>60\%$)。而相对湿润度指数(M)通过降水量(P)和作物实际蒸散量(E_a)计算而得：

$$M=(P-E_a)/E_a \tag{1.4}$$

在计算某单一时段包括季、月、旬尺度的土壤水分收支平衡具有优势，对于前期干旱对当期的影响不能及时反映。土壤有效水分存储量(S)是指能被作物根系吸收的根系活动层内有效水分量(李柏贞 等，2014)：

$$S=0.1(\text{土壤湿度}-\text{凋萎湿度})/(\text{土壤容重}\times\text{土层厚度}) \tag{1.5}$$

当土壤湿度较小不能满足作物生长发育所需的水分，作物将会发生萎蔫，因此 S 主要用于作物缺水状况评价。

1.4.2　作物水分指标

农作物水分综合指标(李柏贞 等，2014；姚玉璧 等，2007)(D)分为 4 个等级，分别为干旱($D\leqslant 0.5$)、半干旱($0.5<D\leqslant 0.8$)、正常($0.8<D\leqslant 1.3$)、水分过多($D>1.3$)，通过计算降水量、土壤含水量等综合而得，对于旱作农业区的干旱监测应用较为广泛，计算因子相对复杂，公式为：

$$D=\frac{P-R_e+\rho_0/\rho_g+R_g}{E_0+\rho_m/\rho_g} \tag{1.6}$$

式中：P 为生长期内降水量；R_e 为无效降水量，为径流量与深层渗漏量之和；ρ_0 为作物生长初期根系层平均土壤含水量；ρ_g 为根系层内 1 mm 降水量引起土壤含水量的增加量；ρ_m 为作物生长发育所需的适宜土壤含水量；R_g 为计算时段内地下水的补给量；E_0 为作物生长期内的潜在蒸发量。

综合考虑作物生长期内的降水、灌溉、地下水等相关因素，以农田水量平衡为依据，陕西省作物旱情预报系统提出的作物供需水指标(K_d)(李柏贞 等，2014；王密侠 等，1996)，能反映作物受旱程度并进行作物旱情测报；并提出陕西省的作物需水等级指标，极端干旱($K_d=0$)、重旱($0<K_d\leqslant 0.4$)、中旱($0.4<K_d\leqslant 0.6$)、轻旱($0.6<K_d\leqslant 0.8$)、正常($0.8<K_d\leqslant 1.3$)、偏涝($K_d>1.3$),实际应用效果较好。K_d的计算公式为:

$$K_d=\frac{P}{W}=\frac{G+P_0+(W_1+W_0)+I}{ET+(W_2-W_0)} \tag{1.7}$$

式中:P 为有效降水量;W 为作物需水量;P_0为某一时段有效降水量;G 为地下水利用量;W_0,W_1,W_2分别为作物根系活动层土壤凋萎含水量、某一时段初期和末期土壤含水量;I 为灌溉量;ET 为某一时段内作物需水量。

帕尔默干旱指数(Palmer drought severity index,PDSI)广泛应用水文、气象、农业等领域进行作物旱情综合评估(李柏贞 等,2014;Mo et al.,2005;叶建刚 等,2009),是一种包含降水量、蒸散量、径流量和土壤有效水分存储量在内的水分平衡模式。该指数被广泛应用并修正,包括修正帕尔默干旱指数(modified Palmer drought severity index,MPDSI)、自适应帕尔默干旱指数(self-calibrating Palmer drought severity index,SC-PDSI)等。计算公式为:

$$I_{PDSI}=K_i d \tag{1.8}$$

$$d=P-P_0=P-(\alpha_i P_{ET}+\beta_i P_R+\gamma_i P_{R0}-\delta_i P_L) \tag{1.9}$$

$$K_i=17.67K'/\sum DK' \tag{1.10}$$

$$K'=1.5\lg d\left[\left(\frac{P_{ET}+R+R_0}{P+L}+2.8\right)/D\right]+0.5 \tag{1.11}$$

式中:P 为实际降水量;P_0为气候适宜的降水量;P_{ET},P_R,P_{R0},P_L分别为可能的蒸散量、土壤水分补给量、径流量、损失量;R,R_0,L 分别为实际的土壤水补给量、径流量、损失量;D 为各月水分距平 d 绝对值的平均值;α,β,γ,δ 分别为各项对应的权重系数。

土壤含水量是反映作物对水分胁迫程度的最直接指标,膜下滴灌技术的应用改变了绿洲棉田土壤水分运移规律、棉田蒸散及耗水量,作物的耐旱程度是否因此而发生变化,因此各干旱监测指标的临界点、界限阈值等在绿洲棉田干旱监测中均需要考虑其差异变化。

1.5 棉花干旱胁迫气象指标

气象学认为,干旱实际上是由于缺乏足够的降水引起的,是气候水热不平衡的表现。气象干旱指标主要基于降水或降水与气温的共同作用来反映地面水分的收支状况,从而间接反映作物的水分收支状况。主要有降水量指标、气温与降水共同影响的综合指标两类(李柏贞 等,2014)。

1.5.1 降水量指标

降水量指标是通过降水量定量化描述旱涝标准,主要用于地下水位较深、雨养农业区(艾克拜尔·伊拉洪 等,2000)。降水距平百分率、Z 指数等为比较常用的降水量指标,与降水量有关的还有反映干旱强度和持续时间的标准化降水指数(standardized precipitation index,SPI)、连续无雨日数等(袁文平 等,2004)。降水量指标以反映干旱发生趋势为主,对于某一时段小范围内的干旱程度、作物遭受干旱的影响程度基本不能准确反映。

降水距平百分率(M_i)(姚玉璧 等,2007)是指某时段内降水量与同期多年平均降水量的距平百分率,公式为:

$$M_i=[(\text{降水量}-\text{多年平均降水量})/\text{多年平均降水量}]\times 100\% \tag{1.12}$$

降水距平百分率反映该时间段降水量的偏离程度。该指标广泛应用于气象业务与服务，具有很强的地域性，在雨养、灌溉农业区需要考虑其差异性。

Z 指数(李柏贞 等，2014；鞠笑生 等，1997)是对降水量进行正态化处理，将降水量转化为以 Z 为变量的标准正态分布。Z 指数分析结果越好，越能反映出旱涝程度，在绿洲棉田干旱监测应用中需要根据地区进行修正，给出相对应的等级标准。公式为：

$$Z_i=\frac{6}{C_s}\left(\frac{C_s}{2}X_i+1\right)^{1/3}-\frac{6}{C_s}+\frac{C_s}{6} \tag{1.13}$$

$$C_s=\frac{\sum_{i=1}^{n}(R_i-R)^3}{nS^3} \tag{1.14}$$

式中：X_i 为降水的标准化变量；C_s 为偏态系数；n 为样本数；S 为样本均方差。

标准化降水指数(SPI)(Pai et al.，2011)的计算原理，是将某一时段内的降水量时间系列假设服从某种分布，通过降水量的分布概率密度函数推求累积概率，将累积概率转化呈标准正态分布而得，常用 Gamma 分布进行拟合。公式为：

$$I_{SPI}=\frac{x_i-\mu}{\sigma} \tag{1.15}$$

式中：x_i 为降水的标准化变量；μ 为样本系列的均值；σ 为其标准差。

1.5.2　气温与降水综合指标

Ped 干旱指数、水热系数指标等均是气温与降水共同影响的综合指标，气温的高低反映了地面蒸发情况，结合降水可综合反映地面水分收支平衡，进而间接表明作物收支状况(康西言 等，2011；刘晓英 等，2005)。

Ped 干旱指数(S)(李柏贞 等，2014；Koleva et al.，2008)通过计算标准化气温距平与降水量距平之差，来比较区域、时间内干旱频率与敏感度，划分为重旱($S\geqslant 3$)、中旱($3>S\geqslant 2$)，在未来作物对水分胁迫的预测服务中应用较多。公式为：

$$S=\frac{\Delta T}{\sigma_T}-\frac{\Delta R}{\sigma_R} \tag{1.16}$$

式中：ΔT，ΔR 分别为月平均气温、月降水量的距平；σ_T，σ_R 分别为月平均气温、月降水量的均方差。

而水热系数指标(K_w)(李柏贞 等，2014；康西言 等，2011)是利用降水量和积温来表示的干旱指标，大多用于评价气候干旱和作物对水分的胁迫。公式为：

$$K_w=\frac{\sum P}{0.1\sum T\geqslant 10℃} \tag{1.17}$$

式中：$\sum P$，$\sum T\geqslant 10℃$ 分别为日平均气温 $\geqslant 10℃$ 降水量总和与积温。

也有分别选取能反映气象干旱和土壤干旱的具体指标，通过确定各干旱指标的权重系数，进而建立的反映作物水分收支状况的干旱指标(江远安 等，2010)，如列入国家标准《气象干旱等级 GB/T 20481—2006》的综合气象干旱指数(comprehensive meteorological drought index，CI)。CI 指数(国家标准化管理委员会)是利用近 30 d(月尺度)和近 90 d(季尺度)标准化降水指数、相对湿润度指数进行符合计算而得。指数越小，干旱越严重，既反映月季尺度降水量异常情况，也可反映短时间内影响作物生长的水分亏缺情况。公式为：

$$CI = a Z_{30} + b Z_{90} + c M_{30} \tag{1.18}$$

式中：a 为近 30 d 标准化降水系数，平均取 0.4；b 为近 90 d 标准化降水系数，平均取 0.8；c 为近 30 d 相对湿润系数，平均取 0.8；Z_{30}，Z_{90} 分别为近 30 d 和近 90 d 标准化降水指数 SPI；M_{30} 为近 30 d 相对湿润指数。

气象干旱的表现在各种干旱类型中最为明显直接，是其他类型干旱发生的先导。由于其只能大致反映干旱发生的趋势，绿洲棉田干旱评价中不能用该指标直接反映作物受干旱的影响程度。

第 2 章　干旱复水对棉花生长的影响

2.1　对棉花形态特性的影响

干旱胁迫会推进作物的发育进程，造成作物早熟，并对作物的形态特性产生影响，使作物的株高、叶面积、生物量、叶绿素含量等发生变化，降低作物的生长速率，严重的可能会造成作物萎蔫死亡。作物的生长和发育分为不同的阶段，不同发育期对干旱的敏感程度也不一样（刘宪锋 等，2015），但不同时期对于干旱胁迫的反应不尽相同（Liu et al.，2015）。花铃期是棉花对水分和肥料需求的关键时期（韩会玲 等，2001；刘昭伟 等，2014），如在花铃期发生水分亏缺，则会对棉花的生长发育产生极为明显的影响（朱建强 等，2001；蔡红涛 等，2008）。但并不是所有的干旱都会对作物造成不利影响，前人研究发现，作物在受到一定水分胁迫后复水在短时间内，会在生理生化代谢和生长发育等方面产生补偿效应来应对干旱胁迫对作物造成的伤害（王利彬 等，2015），其中最直观的表现就是解除胁迫后，在作物的外部形态上，如株高、叶面积和生长速率等出现短暂的快速增长（卜令铎 等，2009），这是作物对不良环境的一种适应，能有效提高水分的利用效率。郑鹤龄等（2008）认为冬小麦在干旱胁迫复水后，株高、叶片数迅速增加，显著高于对照组，产量也随之增加。夏玉米在不同的生长发育期进行干湿交替，玉米的产量及品质均高于对照（姜鹏 等，2013）。补偿效应在生物界普遍存在，根据补偿生长的结果来看，分为超补偿效应、等量补偿效应和欠补偿效应（Maschinki et al.，1989），是对作物进行有效水分监控和发展节水农业的主要生理因素。

2.2　对棉花生理特性的影响

干旱对作物的光合作用会产生很大影响（刘宪锋 等，2021），光合作用是决定作物干物质积累和产量形成最重要的一个环节（吴金芝 等，2015），水分亏缺会严重降低作物的光合作用，造成代谢失调，最终导致作物的死亡（Chaves et al.，2003；Jaleel et al.，2007）。干旱对于作物光合作用的影响主要分为气孔限制因素和非气孔限制因素。在干旱发生初期，作物主要受气孔导度下降影响，光合作用受到抑制。但此时干旱并未影响植物体的内部结构，在复水后干旱对于光合作用的抑制可以很快解除（麻雪艳 等，2018）。但随着干旱的发展，干旱诱发了活性氧自由基代谢失调，使得进行光合作用的器官遭受破坏，此时作物主要受非气孔导度影响，光合活性下降，此时即使复水也无法使光合速率恢复至无胁迫水平（卜令铎 等，2010；Ghannoum，2009）。棉花叶片的光合作用、气孔导度、蒸腾速率随干旱胁迫强度的增加逐渐下降，复水后不同程度恢复，其中以轻度干旱恢复的速度最快；光化学猝灭系数（photochemical quenching，qP）和光量子产量（quantum photochemical yield，QPY 或 Yield）随干旱胁迫的加强而降低，复水后不能恢复（田又升 等，2016）。罗宏海等（2013）研究发现，干旱会降低棉花叶片的净光合速率和光系统Ⅱ(photosystem Ⅱ,PSⅡ)电子传递量子(Φ_{PSII}),使非光合化学猝灭系数(non-photochemical quenching,qN 或 NPQ)升高,复水后,非光合化学猝灭系数(NPQ)显著降低。

干旱和复水除了会对作物的光合作用产生影响外,还会导致作物体内的酶产生一系列的变化。牛静(2016)研究发现干旱复水后 5 d 和 10 d,根系超氧化物歧化酶(SOD)、过氧化氢酶(CAT)和过氧化物酶(POD)显著高于对照,其中,根系超氧化物歧化酶(SOD)和过氧化物酶(POD)活力下降,而过氧化氢酶(CAT)活力升高。此外,在复水后脱落酸(abscisic acid,ABA)和乙烯(Ethylene,Eth)含量迅速下降,而赤霉素(Gibberellin,GA)含量增加,并明显高于对照。程林梅等(1996)认为土壤干旱会使硝酸还原酶活性下降,复水 48 h 后硝酸还原酶活性回升。曹让等(2013)认为持续干旱后复水会改变棉花幼苗的氮代谢途径,使总氮、可溶性蛋白和氨基酸含量发生改变。张向娟等(2014)认为,棉花干旱后复水新发育叶片氮含量较高,以供叶片进行较高的光合速率。

2.3 对棉花产量的影响

干旱胁迫会造成作物严重减产,干旱胁迫对于不同发育期、不同作物或不同品种的相同作物的产量影响是不同的,而且作物的产量也会因干旱胁迫强度的差异和持续时间的长短而不同(王兴荣 等,2023;Zhang et al. ,2022)。对此前人已经利用了不同方法开展了大量干旱胁迫对作物产量影响的研究。有学者研究发现重度干旱胁迫会显著降低大豆的形态指标和产量,不同种质资源产量下降 40%～70%(Laftiee et al. ,2007;Hsuao et al. ,1976)。玉米在抽雄期受到干旱胁迫会严重降低其产量,干旱程度对玉米产量的影响表现为重度干旱>中度干旱>轻度干旱>正常供水(李锦秀 等,2022)。棉花的单株铃数和单铃重随干旱胁迫程度的加重而减少,干旱会增加蕾铃脱落率,降低纤维长度(杨明凤 等,2021)。对干旱胁迫的作物进行复水处理后,不同种类、不同发育期的作物的产量对不同复水量的响应也不同。王立为等(2023)研究发现,马铃薯在开花期和块茎膨大期遭遇干旱胁迫后,总干重和薯块干重明显降低,复水后有所恢复。棉花在轻度干旱复水后光合物质积累量与对照无明显差异(罗宏海 等,2008),复水后,补偿生长效应越强,其生育期越短,单株铃数越少,单铃重越低(田又升 等,2017)。但也有人认为干旱胁迫后复水仍然会降低作物品质,牛静等(2016)研究发现,中棉所 45 和中棉所 60 在干旱胁迫 9 d 复水处理下纤维品质明显低于对照。干旱胁迫及复水的程度及持续时间与作物的产量息息相关。

第 3 章　膜下滴灌技术对棉花生长的影响

干旱及水分亏缺所造成的危害超过了一切逆境因子的总和（山仑 等，2006；Munns，2002），水分管理质量就成为决定作物产量和品质高低的关键因素之一（何海军 等，2011；胡明芳 等，2002；Wu et al.，2000）。覆膜种植与滴灌技术相结合而成的膜下滴灌枢纽，能够根据作物的不同生长时期定时、定量、均匀及滴状地对作物根系的发达区域进行节水灌溉，在节水的前提下促进棉花的快速生长发育，最大限度地提高棉花的产量，作为一种优质水分管理灌溉技术，对新疆绿洲棉业的发展有着非常重要的作用（吉春容 等，2019）。而膜下滴灌技术的应用改变了绿洲棉田土壤水分肥料运移规律、根系生长状况、棉田蒸散及耗水量等（吕殿青 等，2002；苏里坦 等，2011；危常州 等，2002），进而影响了棉花生长及产量。

3.1　对土壤条件的影响

新疆大面积推广的膜下滴灌植棉技术是覆膜栽培和滴灌相结合的节水灌溉技术，它可有效保持土壤团粒结构，防止水分深层渗漏和地表流失，同时又具有增温保墒及减少地表蒸发，提高水分利用效率的作用（马富裕 等，2002；徐飞鹏 等，2003）。王允喜等（2010）研究发现，毛管间距大，导致灌水量也大，土壤易出现深层渗漏，而且土壤水分水平分布均匀性差，造成内、外行棉花长势不均匀；而毛管间距小，土壤水分水平分布均匀，内，外行棉花长势均匀。Souza等（2009）研究了灌水量和灌水频率对土壤溶质运移的影响，结果指出，低灌水量高频率灌溉能有效地降低水分深层渗漏及溶质淋失。

灌水周期 5 d 的处理能够达到棉花最适宜的土壤水分范围。在相同的灌水周期下，土壤剖面平均含水量随着灌溉定额的增加而增大；较高灌水频率对根区土壤盐分具有较好的淋洗作用，灌水周期 10 d 的处理，土壤盐分波动变化较大，在生育期内土壤盐分出现累积现象（弋鹏飞 等，2011）。膜下滴灌可以给作物提供适宜的水、气、热环境，提高作物产量和品质，同时减少了灌溉水的深层渗漏，降低了地下水位，加上覆膜后边界条件的改变，土壤蒸发减少，土壤返盐也大大降低，因此膜下滴灌具有明显的防治土壤次生盐渍化的作用（王全九 等，2000；马富裕 等，2004；郭金强 等，2005）

吕殿青等（2002）通过室内模拟试验研究了膜下滴灌影响因素，结果显示，灌水器流量的增加增大了地表积水范围，降低了湿润体的垂向距离，不利于作物根区淡化区的形成；灌水量的增加扩大了湿润体范围，有利于作物根区淡化区的形成。张琼等（2004）研究了棉花膜下滴灌条件下灌水频率对土壤水盐分布的影响，结果表明，与低频率灌溉相比，高盐分含量土壤花铃期高频率灌溉能有效降低湿润体内部土壤盐分含量，产量增加而对于低盐分土壤而言，灌水频率对棉花生长及产量的影响不显著。王全九等（2000）通过室内模拟试验研究了膜下滴灌技术参数对土壤盐分分布的影响，结果表明，灌水器流量过大，超出了土壤入渗能力，土壤表面将会积水，水平湿润宽度将大于垂向湿润深度，不利于盐分向下淋洗。

灌溉处理间平均土壤呼吸速率为常规漫灌显著小于膜下滴灌。常规漫灌和膜下滴灌模式土壤呼吸速率的温度敏感性系数(Q_{10}值)的平均值分别为2.43和2.03,不同年份膜下滴灌Q_{10}值均小于常规漫灌(关红杰,2013)。膜下滴灌条件下各施肥处理根系呼吸对土壤呼吸的贡献率为36.38%～58.74%,常规漫灌条件下为33.73%～52.03%;铃期根系呼吸贡献率最高,整个生育期根系呼吸平均贡献率膜下滴灌和常规漫灌方式下分别为48.05%和44.31%。膜下滴灌土壤碳排放量大于常规漫灌,灌溉处理间棉田0～40 cm土层土壤有机碳含量为常规漫灌＞膜下滴灌,农田土壤碳汇强度灌溉处理间为膜下滴灌＞常规漫灌,灌溉处理间常规漫灌土壤微生物量碳含量、微生物熵均小于膜下滴灌;灌溉处理间棉田土壤微生物代谢熵为膜下滴灌低于常规漫灌(张前兵,2013)。

3.2 对根系与生长发育的影响

棉花根系在滴灌带方向分布密集,其他方向相对较少。棉花根系生长状况直接影响其地上部分的生长发育和产量高低,不同的系统布置方式影响棉花根系的生长发育及其在土壤中的时空分布,进而影响棉花产量(危常州 等,2002;吕宁 等,2007;曹伟 等,2014)。滴灌具有时间长、频率高和流量小的特点,更易维持根系层长期处于较高的基质势,可弥补因土壤盐分过高而导致的土壤渗透势的降低,有利于作物根系吸水,滴灌流量小的特点对土壤结构的影响较小,使得土壤长期保持良好的孔隙度,保证了作物根系呼吸作用(Kang et al.,2010)。

李景慧等(2014)研究了毛管配置对不同滴灌量棉花冠层结构、群体光合速率、光合物质累积与分配产量的影响。相同毛管配置下随滴水量增加,叶面积指数增大、叶倾角变大,但滴灌量过大,群体散射辐射透过系数小,冠层结构不良,造成生育后期群体光合速率较快下降。相同滴水量下增加毛管间距,盛铃后期的叶面积指数、叶倾角和群体光合速率显著降低,群体散射辐射透过系数保持较高水平;群体干物质累积量少,但分配到生殖器官中的比例上升。滴灌毛管间距和土壤水分是影响棉花冠层结构和产量形成最重要的因素。程冬玲等(2001)提出缩小毛管间距,可提高棉花产量和植棉效益。张旺锋等(2002)通过对新疆膜下滴灌棉花节水高产的机理探讨表明,限量滴灌棉田土壤水分亏缺导致叶面积指数低,叶片平均倾斜角度大,群体散射辐射透过系数和群体直射辐射透过系数增加,对光能的截获率降低;光合物质累积少,但分配到生殖器官中的比例上升快。滴灌均匀系数的降低显著降低了棉花株高、叶面积指数、吸氮量和皮棉产量的均匀性。滴灌均匀系数对皮棉产量均值的影响不仅与灌溉水量的亏缺程度有关,还受获得潜在产量的天气条件适宜程度的影响。当天气条件(例如气温)对作物生长不构成限制时,低滴灌均匀系数处理的皮棉产量显著低于中、高滴灌均匀系数处理。膜下滴灌条件下,适度减少盛蕾至初花期、盛铃至吐絮期滴水量,保证初花至盛铃期正常滴水量,有利于发挥棉花缺水补偿效应,提高水分利用效率,但地上部总生物量显著降低导致籽棉产量降低(张旺锋,2002;Kang et al.,2002;陈玉梁 等,2013;Luo et al.,2016;牛玉萍 等,2016)在棉花生长阶段,随着灌溉定额的增加,土壤盐分峰值位呈现下移的趋势;随着灌溉定额或滴头流量的增加,棉花产量也呈现先增加后减少的趋势;无论是水分亏缺或者过量灌溉均会降低棉花产量,同时过小或过大的滴头流量也不利于增加棉花产量(苏里坦 等,2011)。

3.3 对需水规律的影响

不同的滴灌带配置方式下棉花全生育期总需水量略有不同(付恒阳 等,2016)。杨鹏年等

(2014)提出了膜下滴灌棉花受水分胁迫的标准，地下水对棉花的耗水具有一定的补偿作用，地下水埋深越浅，则所需的灌溉定额越小。当地下水埋深小于 1.5 m 时，滴灌定额为 3300 $m^3 \cdot hm^{-2}$；当地下水埋深为 2.0 m 时，滴灌定额为 4500 $m^3 \cdot hm^{-2}$；当地下水埋深很大而对作物根区没有补给时，棉花完全依赖于灌溉所需的滴灌定额则为 5500 $m^3 \cdot hm^{-2}$。肖晶晶等(2013)通过对棉花不同发育阶段的需水规律及其当前时段作物水分亏缺率、亏缺量等的实时分析，结合未来 3 d 的降水定量预报，进行区域节水灌溉气象等级预报，为开展实时、有针对性地棉花节水灌溉气象服务提供科学依据。

第 4 章　膜下滴灌棉花干旱风险预警技术

全球气候变化加剧了气象灾害的发生，农业生产首当其冲，面临着巨大的气象灾害风险，新疆棉区各类气象灾害呈现出多发、频发的趋势。干旱是新疆棉区主要的气象灾害，水分亏缺直接制约棉花生产发展，水分管理质量就成为决定作物产量和品质高低的关键因素之一；而膜下滴灌作为优质的水分管理技术，改变了棉田土壤水肥运移并影响棉花生长及产量，那么膜下滴灌棉花干旱发生及致灾条件是否发生了变化？已有干旱等级指标(指数)在滴灌棉田中如何适用？滴灌模式棉田干旱敏感性指标，发生致灾临界条件如何确定？上述问题的解决对于科学诊断绿洲滴灌农业生产干旱具有重要意义。

4.1　棉区气候特征变化

4.1.1　平均气温变化

4.1.1.1　年平均气温变化

研究区年平均气温在 6.2～8.8 ℃的范围内波动，最小值出现在 1993 年，最大值出现在 2006 年和 2015 年。年平均气温总体以 0.36 ℃·(10 a)$^{-1}$的速率呈现上升趋势，近 30 a 升高了 1.08 ℃(图 4.1)。

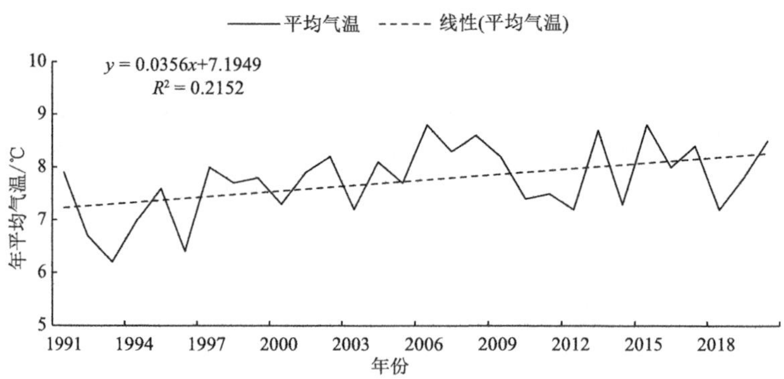

图 4.1　研究区 1991—2020 年年平均气温变化

4.1.1.2　生长季(4—10 月)平均气温变化

研究区生长季(4—10 月)平均气温在 16.7～19.9 ℃的范围内波动，最小值出现在 1992 年，最大值出现在 1997 年。生长季平均气温总体以 0.46 ℃·(10 a)$^{-1}$的速率呈现上升趋势，近 30 a 升高了 1.38 ℃(图 4.2)。

4.1.1.3　4—6 月平均气温变化

研究区 4—6 月平均气温分别在 9.4～17.4 ℃、15.8～22.7 ℃、22.5～25.7 ℃的范围内波

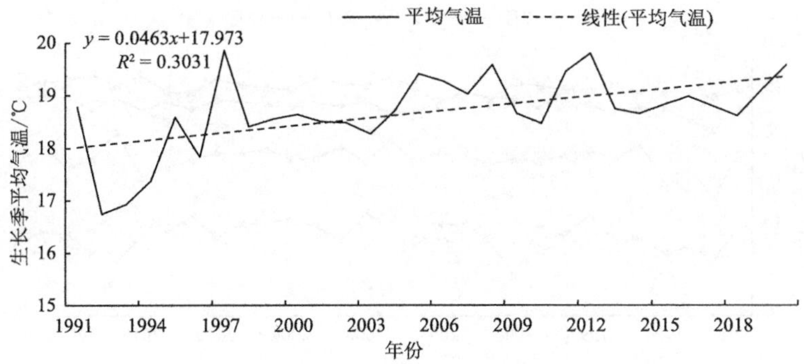

图 4.2　研究区 1991—2020 年生长季平均气温变化

动，最小值分别出现在 1996 年和 2003 年以及 1993 年，最大值分别出现在 2020 年、2008 年以及 2012 年。4—6 月平均气温总体分别以 1.06 ℃·(10 a)$^{-1}$、0.37 ℃·(10 a)$^{-1}$以及 0.32 ℃·(10 a)$^{-1}$的速率呈现上升趋势，近 30 a 分别升高了 3.18 ℃、1.11 ℃以及 0.96 ℃(图 4.3)。

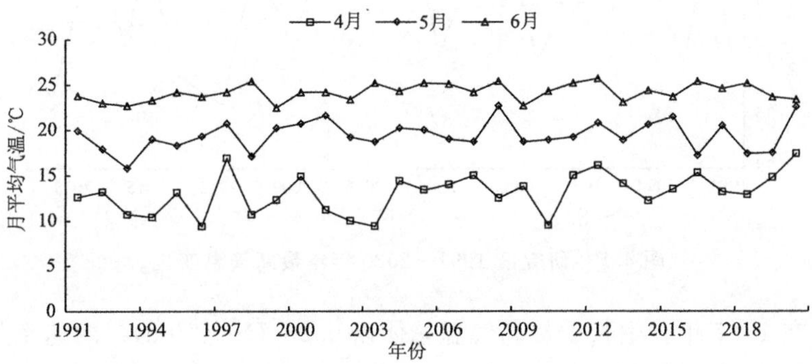

图 4.3　研究区 1991—2020 年 4—6 月平均气温变化

4.1.1.4　7—10 月平均气温变化

研究区 7—10 月平均气温分别在 23.1～26.5 ℃、20.3～24.6 ℃、12.8～20.2 ℃以及 4.3～11.3 ℃的范围内波动，最小值分别出现在 2003 年、2002 年、1992 年以及 2000 年，最大值分别出现在 1998 年、2002 年、2016 年以及 2006 年。7—10 月平均气温总体分别以 0.43 ℃·(10 a)$^{-11}$、0.47 ℃·(10 a)$^{-1}$、0.37 ℃·(10 a)$^{-1}$以及 0.22 ℃·(10 a)$^{-1}$的速率呈现上升趋势，近 30 a 分别升高了 1.29 ℃、1.41 ℃、1.11 ℃以及 0.66 ℃(图 4.4)。

4.1.2　最高气温变化

4.1.2.1　年最高气温变化

研究区年最高气温在 36.2～39.5 ℃的范围内波动，最小值出现在 2012 年，最大值出现在 1997 年。年最高气温总体以 0.23 ℃·(10 a)$^{-1}$的速率呈现下降趋势，近 30 a 降低了 0.69 ℃(图 4.5)。

4.1.2.2　生长季(4—10 月)最高气温变化

研究区生长季(4—10 月)最高气温在 36.2～39.5 ℃的范围内波动，最小值出现在 2012

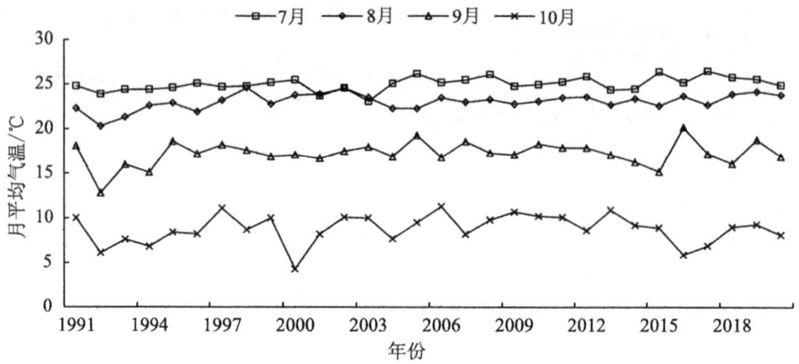

图 4.4　研究区 1991—2020 年 7—10 月平均气温变化

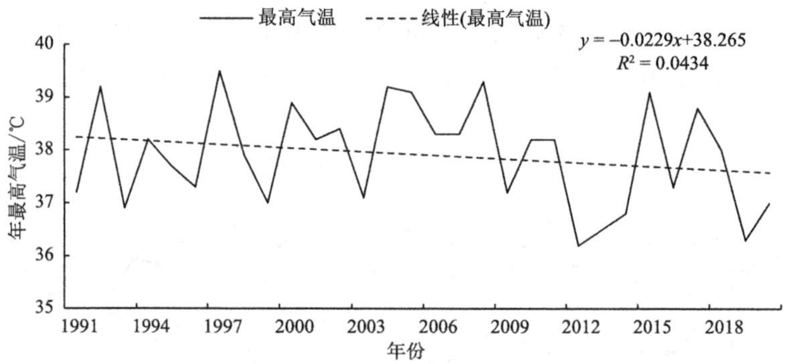

图 4.5　研究区 1991—2020 年年最高气温变化

年，最大值出现在 1997 年。生长季最高气温总体以 0.23 ℃·(10 a)$^{-1}$的速率呈现下降趋势，近 30 a 降低了 0.69 ℃(图 4.6)。

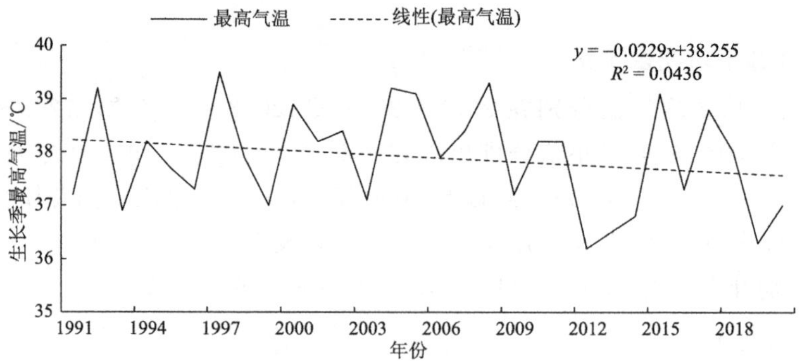

图 4.6　研究区 1991—2020 年生长季最高气温变化

4.1.2.3　4—6 月最高气温变化

研究区 4—6 月最高气温分别在 24.7～35.7 ℃、30.0～38.2 ℃以及 34.6～39.1 ℃范围内波动，最小值分别出现在 2014 年、1998 年以及 2013 年，最大值分别出现在 2020 年、2008 年及 1992 年。4 月、5 月最高气温总体分别以 0.35 ℃·(10 a)$^{-1}$、0.12 ℃·(10 a)$^{-1}$的速率呈

现上升趋势，近 30 a 分别升高了 1.05 ℃和 0.36 ℃；而 6 月最高气温总体以 0.06 ℃·(10 a)$^{-1}$的速率呈现下降趋势，近 30 a 降低了 0.18 ℃(图 4.7)。

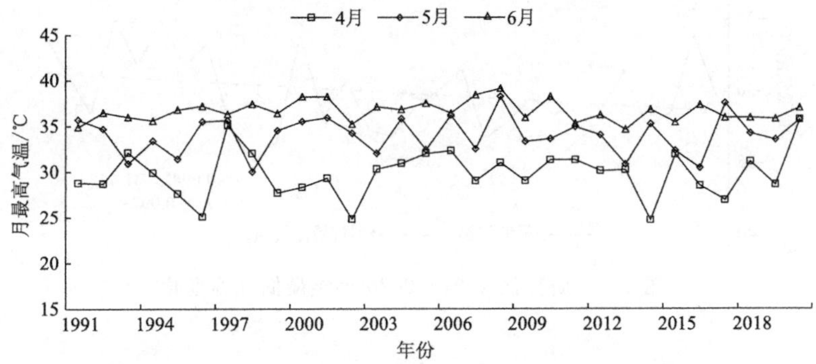

图 4.7　研究区 1991—2020 年 4—6 月最高气温变化

4.1.2.4　7—10 月最高气温变化

研究区 7—10 月最高气温分别在 34.2～39.2 ℃、33.5～39.5 ℃、27.8～38.7 ℃以及 20.4～30.0 ℃的范围内波动，最小值分别出现在 2003 年、2016 年、1992 年以及 1992 年，最大值分别出现在 1997 年、1997 年、1997 年以及 2010 年。7 月最高气温总体以 0.35 ℃·(10 a)$^{-1}$的速率呈现下降趋势，近 30 a 降低了 1.05 ℃；8 月、9 月、10 月最高气温总体分别以 0.05 ℃·(10 a)$^{-1}$、0.22 ℃·(10 a)$^{-1}$以及 0.24 ℃·(10 a)$^{-1}$的速率呈现略微上升趋势，近 30 a 分别升高了 0.15 ℃、0.66 ℃以及 0.72 ℃(图 4.8)。

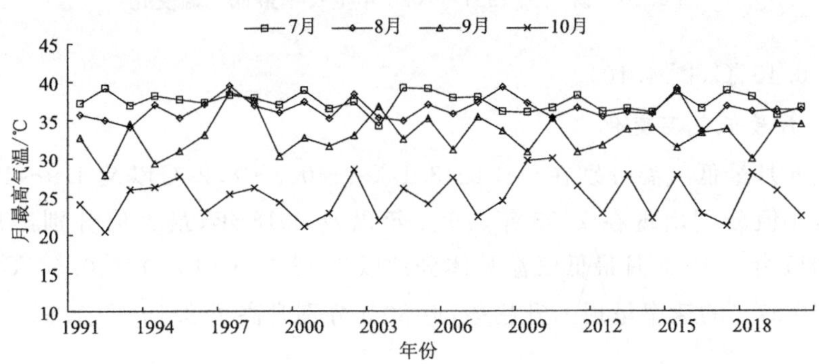

图 4.8　研究区 1991—2020 年 7—10 月最高气温变化

4.1.3　最低气温变化

4.1.3.1　年最低气温变化

研究区年最低气温在－34.8～－24.9 ℃的范围内波动，最小值出现在 2011 年，最大值出现在 2017 年。年最低气温总体以 0.92 ℃·(10 a)$^{-1}$的速率呈现上升趋势，近 30 a 升高了 2.76 ℃(图 4.9)。

4.1.3.2　生长季(4—10 月)最低气温变化

研究区生长季(4—10 月)最低气温在－8.1～－1.4 ℃的范围内波动，最小值出现在 2003 年，最大值出现在 2013 年。生长季最低气温总体以 0.15 ℃·(10 a)$^{-1}$的速率呈现上升趋势，

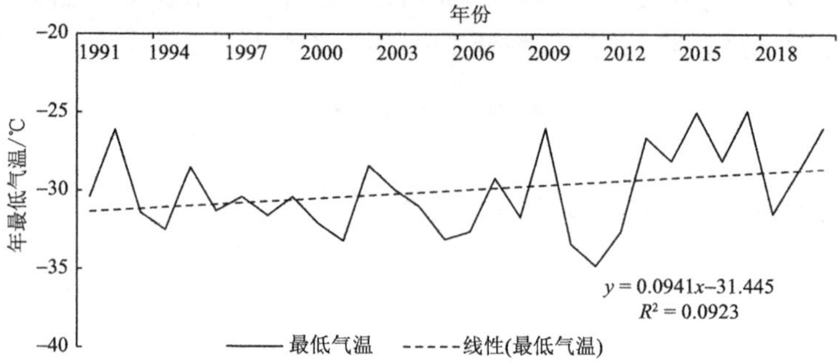

图 4.9 研究区 1991—2020 年年最低气温变化

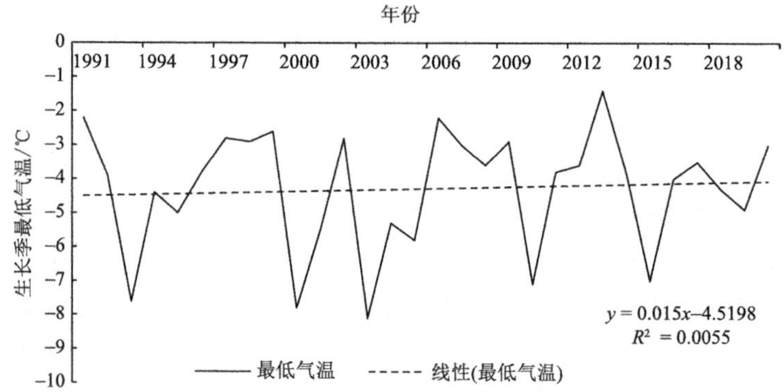

图 4.10 研究区 1991—2020 年生长季最低气温变化

近 30 a 升高了 0.45 ℃(图 4.10)。

4.1.3.3 4—6 月最低气温变化

研究区 4—6 月最低气温分别在−8.1～3.1 ℃、−0.3～8.2 ℃以及 4.9～15.6 ℃的范围内波动，而且最小值分别出现在 2003 年、1992 年以及 2018 年，最大值分别出现在 2004 年、2015 年以及 2011 年。4—6 月最低气温总体分别以 0.73 ℃ · $(10\ a)^{-1}$、0.54 ℃ · $(10\ a)^{-1}$以及 0.33 ℃ · $(10\ a)^{-1}$的速率呈现上升趋势，近 30 a 分别升高了 2.19 ℃、1.62 ℃以及 0.99 ℃(图 4.11)。

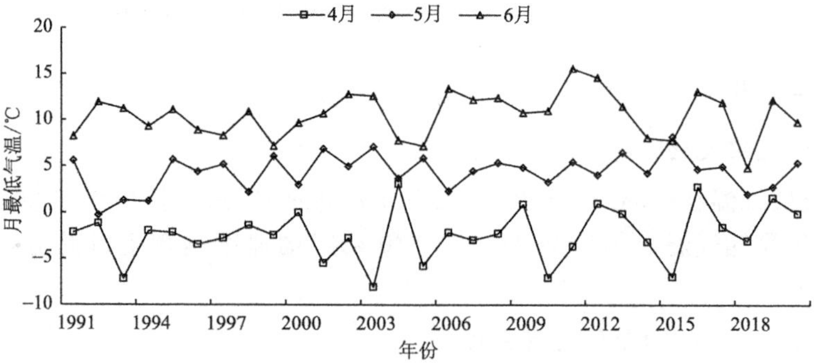

图 4.11 研究区 1991—2020 年 4—6 月最低气温变化

4.1.3.4　7—10 月最低气温变化

研究区 7—10 月最低气温分别在 10.5～16.4 ℃、3.4～12.7 ℃、－2.5～7.4 ℃以及－7.8～0.6 ℃的范围内波动，最小值分别出现在 1995 年、1996 年、2015 年以及 2000 年，最大值分别出现在 2012 年、2019 年、1995 年以及 2006 年。除 9 月最低气温总体以 0.15 ℃·$(10\ a)^{-1}$的速率呈现下降趋势，近 30 a 减少了 0.45 ℃外，7 月、8 月、10 月最低气温总体分别以 0.60 ℃·$(10\ a)^{-1}$、0.88 ℃·$(10\ a)^{-1}$以及 0.06 ℃·$(10\ a)^{-1}$的速率呈现上升趋势，近 30 a 分别升高了 1.80 ℃、2.64 ℃和 0.18 ℃(图 4.12)。

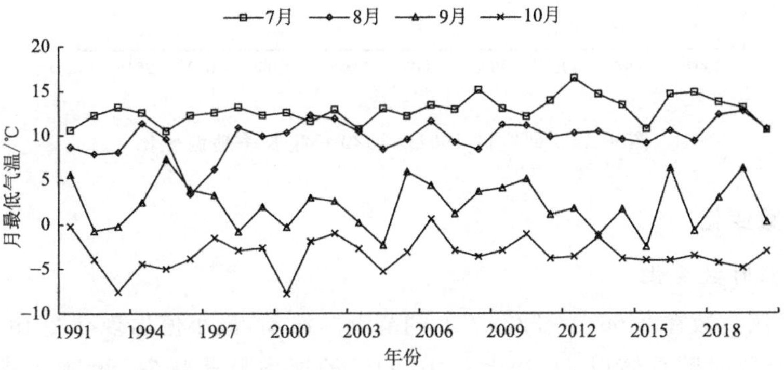

图 4.12　研究区 1991—2020 年 7—10 月最低气温变化

4.1.4　≥10 ℃积温变化

研究区年≥10 ℃积温在 2877.9～4122.1 ℃·d 的范围内波动，最小值出现在 1992 年，最大值出现在 2012 年。≥10 ℃积温总体以 174.38 ℃·d·$(10\ a)^{-1}$的速率呈现显著增加趋势，近 30 a 增加了 523.14 ℃·d(图 4.13)。

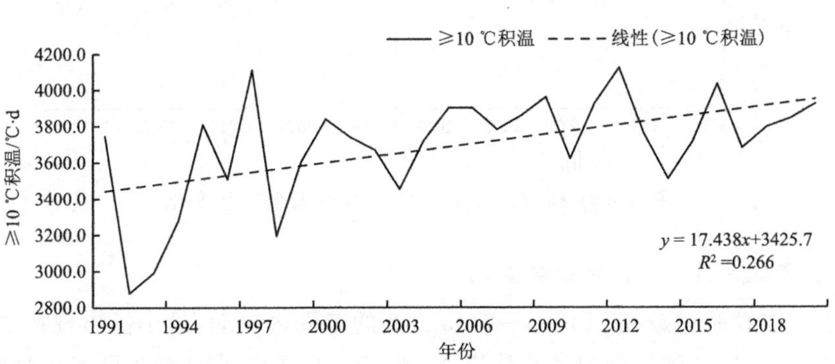

图 4.13　研究区 1991—2020 年≥10 ℃积温变化

4.1.5　生长季(4—10 月)地温变化

研究区生长季 10 cm 地温在 19.1～23.5 ℃的范围内波动，最小值出现在 1992 年，最大值出现在 2018 年；生长季 20 cm 地温在 19.1～23.1 ℃的范围内波动，最小值出现在 1992 年，最大值出现在 2018 年；生长季 40 cm 地温在 18.20～22.50 ℃的范围内波动，最小值出现在 1992 年，最大值出现在 2018 年。生长季 10 cm、20 cm 和 40 cm 地温总体分别以 1.12 ℃·$(10\ a)^{-1}$、0.91 ℃·$(10\ a)^{-1}$以及 1.10 ℃·$(10\ a)^{-1}$的速率呈现上升趋势，近 30 a 分别升高了 3.36 ℃、2.73 ℃和 3.30 ℃(图 4.14)。

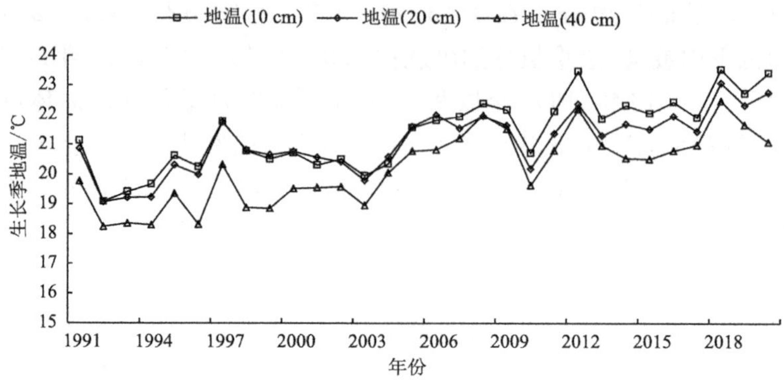

图 4.14 研究区 1991—2020 年生长季地温变化

4.1.6 日照时数变化

4.1.6.1 年日照时数变化

研究区年日照时数在 2466.9～3220.7 h 的范围内波动，最小值出现在 2019 年，最大值出现在 2005 年。年日照时数总体以 41.46 h·$(10\ a)^{-1}$的速率显著减少，近 30 a 减少了 124.38 h(图 4.15)。

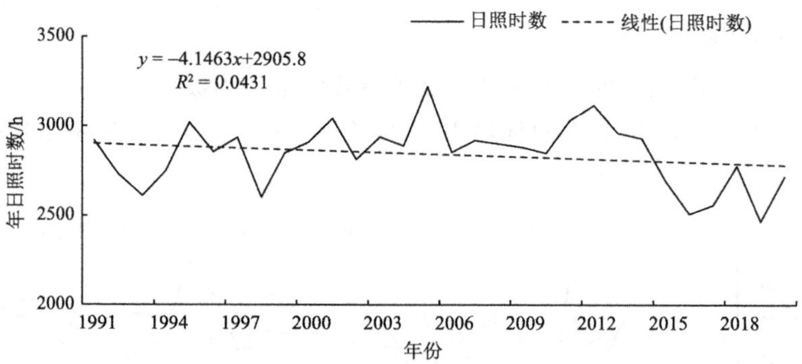

图 4.15 研究区 1991—2020 年年日照时数变化

4.1.6.2 生长季(4—10 月)日照时数变化

研究区生长季日照时数在 1913.3～2413.3 h 的范围内波动，最小值出现在 2019 年，最大值出现在 2005 年。生长季日照时数总体以 16.63 h·$(10\ a)^{-1}$的速率呈现显著增加趋势，近 30 a 增加了 49.89 h(图 4.16)。

4.1.6.3 4—6 月日照时数变化

研究区 4—6 月日照时数分别在 216.6～338.5 h、276.5～371.2 h 以及 273.1～384.5 h 的范围内波动，最小值分别出现在 2002 年、2019 年以及 2019 年，最大值分别出现在 2005 年、2012 年以及 2005 年。4 月日照时数总体以 1.13 h·$(10\ a)^{-1}$的速率呈现减少趋势，近 30 a 减少了 3.39 h；5 月、6 月日照时数总体分别以 2.79 h·$(10\ a)^{-1}$和 4.00 h·$(10\ a)^{-1}$的速率呈现增加趋势，近 30 a 分别增加了 8.37 h 和 12.00 h(图 4.17)。

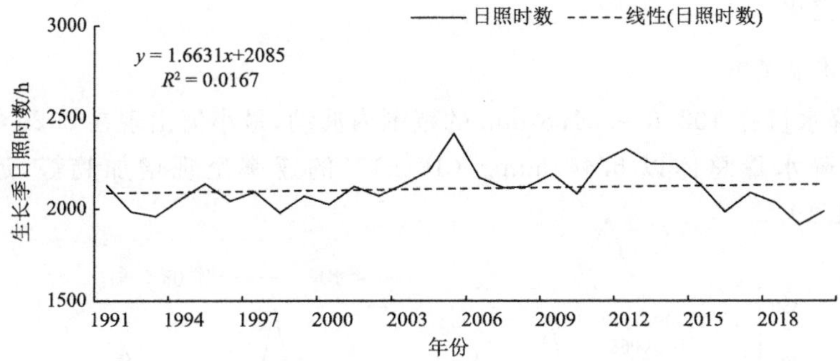

图 4.16　研究区 1991—2020 年生长季日照时数变化

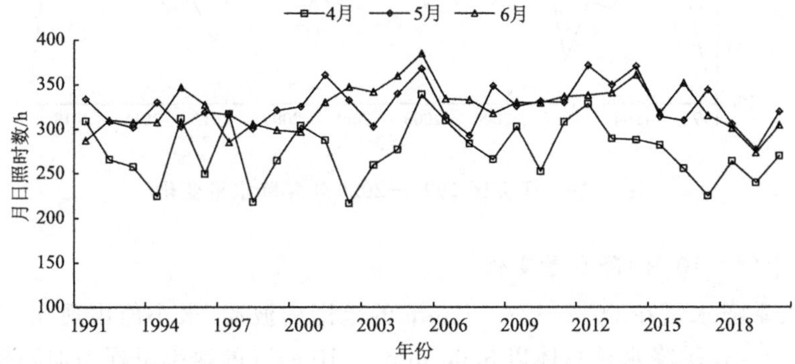

图 4.17　研究区 1991—2020 年 4—6 月日照时数变化

4.1.6.4　7—10 月日照时数变化

研究区 7—10 月日照时数分别在 297.4～392.2 h、288.3～367.9 h、244.3～335.5 h 以及 244.3～335.5 h 的范围内波动，最小值分别出现在 1993 年、2016 年、2020 年以及 2020 年，最大值分别出现在 2005 年、2012 年、2011 年以及 2011 年。除 8 月日照时数总体以 1.01 h·(10 a)$^{-1}$的速率呈现减少趋势，且近 30 a 减少了 3.03 h 外，7 月、9 月和 10 月日照时数总体分别以 11.82 h·(10 a)$^{-1}$、0.63 h·(10 a)$^{-1}$和 0.47 h·(10 a)$^{-1}$的速率呈现显著增加趋势，同时近 30 a 分别增加了 35.46 h、1.89 h 和 1.41 h(图 4.18)。

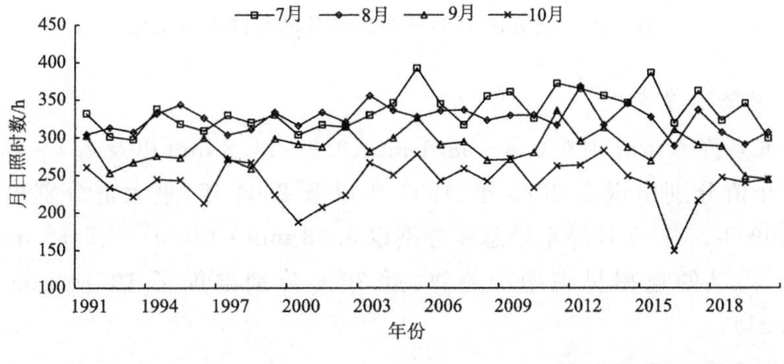

图 4.18　研究区 1991—2020 年 7—10 月日照时数变化

4.1.7 降水量变化

4.1.7.1 年降水量变化

研究区年降水量在 102.6～351.8 mm 的范围内波动，最小值出现在 2020 年，最大值出现在 2010 年。年降水量总体以 5.44 mm · $(10\ a)^{-1}$ 的速率呈现增加趋势，近 30 a 增加了 16.32 mm(图 4.19)。

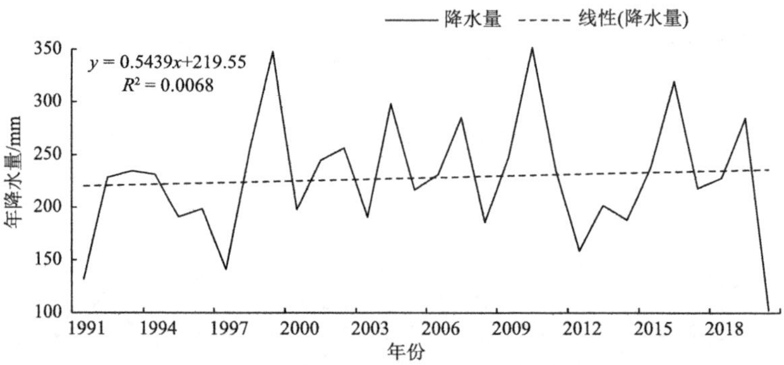

图 4.19 研究区 1991—2020 年年降水量变化

4.1.7.2 生长季(4—10 月)降水量变化

研究区生长季降水量在 69.2～276.1 mm 的范围内波动，最小值出现在 2020 年，最大值出现在 1999 年。生长季降水量总体以 3.65 mm · $(10\ a)^{-1}$的速率呈现增加趋势，近 30 a 增加了 10.95 mm(图 4.20)。

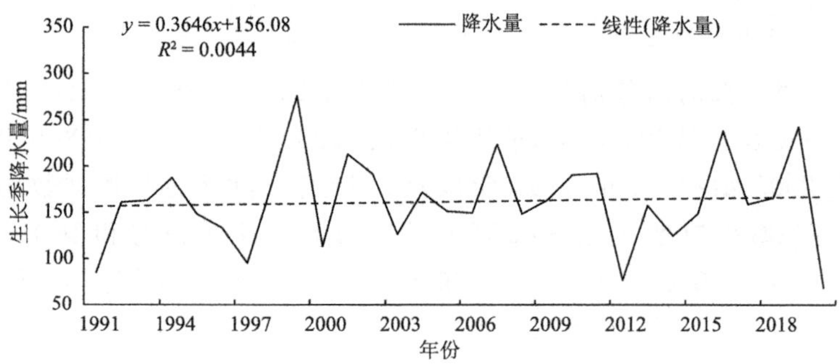

图 4.20 研究区 1991—2020 年生长季降水量变化

4.1.7.3 4—6 月降水量变化

研究区 4—6 月降水量分别在 0.4～58.1 mm、0.9～71.8 mm 以及 2.4～45.9 mm 的范围内波动，而且最小值分别出现在 2020 年、1991 年以及 2004 年，最大值分别出现在 2002 年、2007 年以及 1999 年。4—6 月降水量总体分别以 3.38 mm · $(10\ a)^{-1}$、5.55 mm · $(10\ a)^{-1}$和 1.13 mm · $(10\ a)^{-1}$的速率呈现增加趋势，近 30 a 分别增加了 10.14 mm、16.65 mm 和 3.39 mm(图 4.21)。

4.1.7.4 7—10 月降水量变化

研究区 7—10 月降水量分别在 4.8～62.2 mm、2.9～86.7 mm、0.0～46.1 mm 以及0.0～

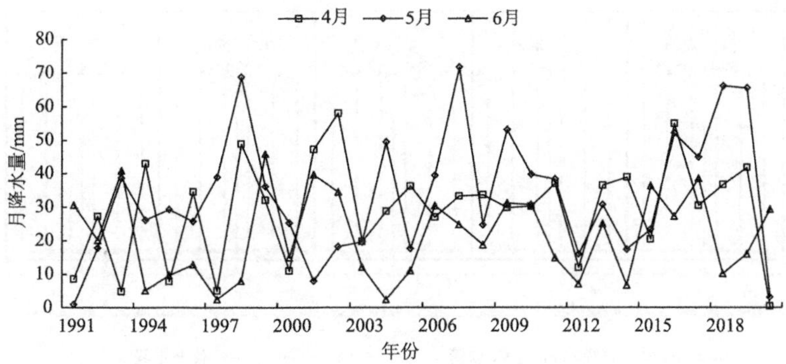

图 4.21　研究区 1991—2020 年 4—6 月降水量变化

53.8 mm 的范围内波动，最小值分别出现在 2005 年、1992 年、2016 年以及 1997 年，最大值分别出现在 2019 年、1999 年、2003 年以及 2016 年。除 10 月降水量总体以 1.00 mm·(10 a)$^{-1}$ 的速率呈现增加趋势，且近 30 a 增加了 3.00 mm(图 4.22)外，7 月、8 月、9 月降水量总体分别以 3.52 mm·(10 a)$^{-1}$、1.94 mm·(10 a)$^{-1}$和 1.95 mm·(10 a)$^{-1}$的速率呈现减少趋势，近 30 a 分别减少了 10.56 mm、5.82 mm 和 5.85 mm(图 4.22)。

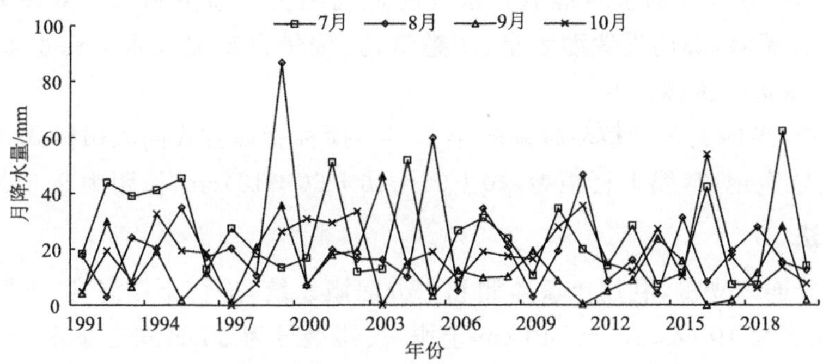

图 4.22　研究区 1991—2020 年 7—10 月降水量变化

4.2　棉花干旱胁迫模拟试验

4.2.1　试验设计

利用农业绿洲农田生态与农业气象试验基地，开展棉花生长关键生育期不同水分胁迫的田间模拟实验。

(1)实验场地：农试站建有农田水分精准控制试验场，共有 78 个长 5 m×宽 2.5 m 的实验小区；小区间有深 3 m×宽 0.3 m 的防渗隔离墙以防止水分水平交换，并安装了大型电动防雨棚用于遮雨。

(2)水分胁迫：试验按照当地花铃期平均灌溉量(60 m^3·667 m^{-2})的 30%(T1)、50%(T2)、70%(T3)、90%(T4)和 100%[CK(control check)，对照，为水分正常供给]设置 5 个水分梯度处理，每个处理设 3 个重复。试验设计见图 4.23。

(3)胁迫时间：在棉花花铃期进行水分胁迫处理，直至生育期结束，全生育期不再进行补充

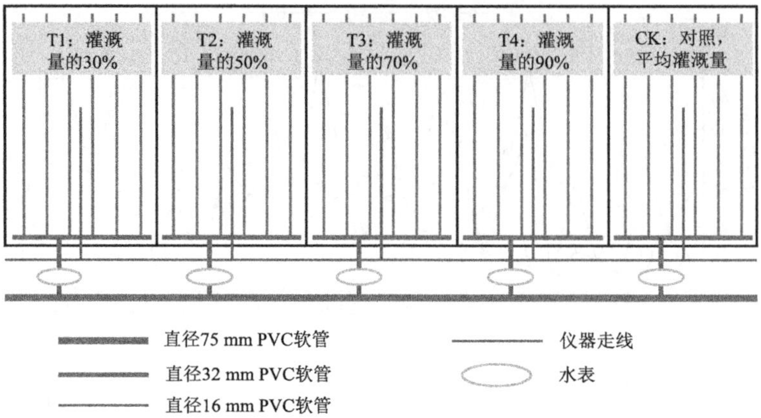

图 4.23 试验设计示意图

灌溉、利用遮雨棚不接收降水。花铃期前按照正常灌溉、正常降水管理。

(4)胁迫方式：通过 2018 年连续 2 次干旱胁迫模拟试验结果表明，若需要在花铃期形成干旱梯度，则需要在花铃期(统计分析 2008—2018 年近 10 年来花铃期的日期，计算平均值，为 7 月 21 日)来临前 3～5 天提前进行灌溉。水分胁迫利用土壤监测和水分灌溉系统(CS650，美国 Campbell)进行灌溉，提前设置灌溉量、调整流速、按量自动完成水分胁迫灌溉。对照为正常时间正常需水量进行灌溉。

(5)棉花品种：当地大田种植品种新陆早 78 号，播种管理方式同大田模式；膜下滴灌，一膜六行，250 cm 的幅宽地膜，膜上行距为(10＋66＋10＋66＋10)cm，株距为 9.5 cm。

4.2.2 观测方法

(1)土壤水分连续观测：利用土壤监测和水分灌溉系统，进行土壤温度、土壤体积含水量连续观测。观测深度为 10 cm、20 cm、40 cm 土壤，仪器型号为 TDR 式土壤水分传感器(CS650，美国 Campbell)，观测频率 30 min 数据，分实时传输和存储卡两种数据存储采集方式。同时采用人工烘干称重法进行各生育期对比观测，蕾期和花铃期自水分胁迫开始，每 5 d 一次加密观测。

(2)棉花形态特性观测

生育期：按照《农业气象观测规范》进行棉花的观测，主要包括播种期、出苗期、三真叶期、五真叶期、现蕾期、开花期、开花盛期、裂铃期、吐絮期、吐絮盛期、停止生长期共计 11 个棉花生育期，并且从播种期起隔日进行至停止生长为止，每小区分别进行观测记载。

生物量：按照《农业气象观测规范》进行观测，包括绿株高、叶面积、器官(茎、叶、叶柄、蕾铃)的鲜、干重及含水率。每次棉花植株光合、荧光、叶绿素特征观测结束后，取样进行。每小区重复 3 次，每次处理共计取样 9 株，计算平均值。

叶片形态特征：观测内容包括叶片颜色、叶片卷曲程度、下垂程度。

观测方法：胁迫期间一天内不同时段，通过拍照和文字描述两种方式记录叶片外形特征，最终评价以 12:30 左右的观测为准，其他时段观测结果作为参考。

观测规范：①叶片颜色：黄绿、碧绿、翠绿、灰绿、枯黄。

②上部叶片基本舒展，仅中下部的叶片边缘略卷。

卷曲程度：

①无：叶片舒展，叶缘与叶面无明显角度。

②微卷：下部叶片基本舒展，仅上部新展及未展叶的叶梢及边缘略卷。

③一般卷：新展叶及未展叶的边缘明显卷曲，两边叶缘互相接近，基本已经形成闭合圈，卷曲后的叶片宽度较平展时减少约 1/3 左右。

④严重卷：植株中上部叶片明显卷曲，叶片边缘各自内卷接近筒状，卷曲后的叶片宽度约为平展时的 1/2 左右，但仍能看见主叶脉。

⑤极严重卷：植株中上部叶片已经卷成棒状，卷曲面几乎看不见主叶脉。

下垂程度：无、轻度下垂、中度下垂、严重下垂。（无：未展叶挺直，全展叶以自然弧度向下弯曲，叶梢与叶片基部向下构成较大的弧度（钝角）叶面平滑无折痕。轻度下垂：未展叶挺直，全展叶的基部与中部依然呈现较大弧度，仅叶梢下垂，叶面有折痕。中度下垂：全展叶由叶片中部开始向下弯曲，叶梢与叶片基部呈锐角。严重下垂：植株多数叶片自叶中、基部下折，折痕明显。）

(3)棉花生理特征观测：各生育期分别观测棉花植株光合、荧光、叶绿素、水势特征参数。蕾期和花铃期自水分胁迫开始，每 10 d 一次加密观测。

光合特征：利用便携式光合仪（LI－6400），测定棉花植株叶片净光合速率、气孔导度、蒸腾速率等特征参数。

荧光特征：采用便携式荧光仪（MINI PAM），测定棉花植株叶片初始荧光（F_o）、最大荧光（F_m），可变荧光 $F_v = F_m - F_o$，然后计算 PSⅡ光能转化效率（F_v/F_m）。

叶绿素含量：利用便携式叶绿素仪（SPAD-502，日本），测定棉花植株叶片叶绿素相对含量。

叶片水势：利用露点水势仪（WP4C）测量棉花叶片水势。

(4)棉花产量结构观测：按照《农业气象观测规范》进行棉花的观测，主要包括棉花的单株铃数、单铃重、蕾铃脱落率、纤维长度以及产量等棉花的产量结构特征。

(5)棉田气象因子观测：农田水分精准控制试验场距离国家基准气候站仅 150 m（直线距离），采用自动气象站的气象数据，观测要素包括空气温湿度、气压、风向风速、降水、蒸发、辐射等。

4.3　棉花干旱胁迫过程中土壤水分变化

从土壤相对湿度的变化曲线可以看出，干旱胁迫对土壤相对湿度产生了显著影响，土壤相对湿度随着干旱胁迫的进行呈现出不断下降的趋势；同时，与对照处理相比，T1—T4 处理的土壤相对湿度均低于对照处理，且 T1 处理的下降幅度最大。在花铃期形成棉田干旱胁迫梯度（7 月 19—29 日）后，各处理开始出现显著性差异（$P<0.05$）（图 4.24）。

在整个干旱胁迫过程中 T1—CK 处理的土壤相对湿度在 23.10%～73.00%范围内波动，并且 CK 处理的土壤相对湿度均高于其他处理的土壤相对湿度。在干旱胁迫初期（7 月 19 日），T1—CK 处理的土壤相对湿度分别为 51.20%、62.10%、66.30%、70.60%、73.00%，此时 T1—T4 处理的土壤湿度与对照处理相比，分别下降了 30.00%、15.00%、90.00%、3.30%，平均下降了 14.00%。随着干旱胁迫时间的延长，土壤相对湿度开始呈现出逐渐下降的趋势，并且都于干旱胁迫后期（7 月 29 日）达到最小值，并在 23.10%～60.80%范围内波动，此时 T1—T4 处理的土壤湿度与对照处理相比，分别下降了 62.00%、50.00%、39.00%、31.40%，平均下降了 46.00%。

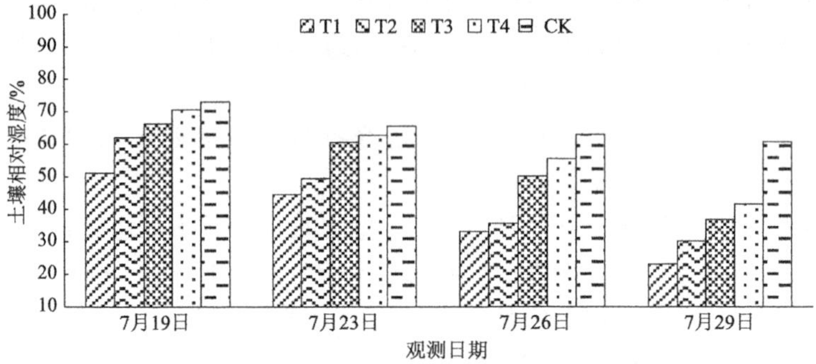

图 4.24　干旱胁迫过程中土壤相对湿度的变化

在干旱胁迫发生第 4 d(7 月 19 日)时，T1 处理的土壤相对湿度为 51.20%，出现了轻旱现象，其他各处理未发生干旱现象。在干旱胁迫发生第 8 d(7 月 23 日)，T1 和 T2 处理的土壤相对湿度分别为 44.60%和 49.50%，出现了中旱现象，其他各处理未发生干旱现象。在干旱胁迫发生第 11 d(7 月 26 日)时，T1、T2 处理的土壤相对湿度分别为 33.10%和 35.70%，发生重旱现象；T3、T4 处理的土壤相对湿度分别为 50.20%和 55.60%，发生中旱现象，而此时对照处理并未发生干旱现象。在干旱胁迫发生第 14 d(7 月 29 日)时，T1 处理的土壤相对湿度在 30.00%以下已经发生了特旱现象；T2、T3 处理的土壤相对湿度在 30.00%～40.00%范围内，发生重旱现象；T4 处理的土壤相对湿度在 40.00%～50.00%范围内，发生了中旱现象；而 CK 处理的土壤相对湿度一直在 60.00%以上，并未出现干旱现象。

4.4　棉花干旱胁迫过程中棉花形态特性变化

4.4.1　生育期变化

开花期控水干旱胁迫影响了棉花的生育进程，由表 4.1 可知，各处理从裂铃阶段开始出现了显著性差异($P<0.05$)。与对照相比，裂铃期 T1、T2、T3 和 T4 处理分别提前了 14 d、12 d、10 d 和 6 d；与对照相比，吐絮期 T1、T2 和 T3 处理分别提前了 10 d、8 d 和 4 d，而 T4 处理吐絮期未出现显著差异；与对照相比，吐絮盛期 T1、T2、T3 和 T4 处理分别提前了 15 d、9 d、7 d 和 4 d。

表 4.1　干旱胁迫对棉花生育进程的影响(月/日)

处理	播种	出苗	现蕾	开花	开花盛期	裂铃	吐絮	吐絮盛期	停止生长
30%	4/13	4/24	5/28	7/8	7/14	8/14	8/16	8/18	10/4
50%	4/13	4/24	5/28	7/8	7/14	8/16	8/18	8/24	10/4
70%	4/13	4/24	5/28	7/8	7/14	8/18	8/22	8/26	10/4
90%	4/13	4/24	5/28	7/8	7/14	8/22	8/26	8/28	10/4
CK	4/13	4/24	5/28	7/8	7/14	8/28	8/26	9/2	10/4

4.4.2　生物量变化

(1)叶片干物质量的变化

从图 4.25 可以看出,在干旱胁迫之前(7 月 14 日),各个处理的棉花叶片干物质量并无显著性差异;在干旱胁迫之后,干旱胁迫对棉花叶片干物质量产生了显著影响,且随着干旱胁迫时间的延长,呈现出上升的趋势;同时,与对照处理相比,T1—T4 处理的棉花叶片干物质量均低于对照处理。此时 T1—CK 处理的棉花叶片干物质量分别为 28.80 g、29.40 g、29.90 g、30.80 g 和 31.40 g。在干旱胁迫第 7 d(7 月 22 日),T1—CK 的棉花叶片干物质量分别为 30.70 g、31.40 g、33.10 g、34.70 g 和 39.50 g,此时,T1 处理出现了中旱现象,其叶片干物质量与对照处理相比下降了 22.28%,T2 处理出现了轻旱现象,其叶片干物质量与对照处理相比下降了 20.51%。在干旱胁迫第 14 d(7 月 29 日),T1—CK 的棉花叶片干物质量分别为 32.20 g、34.70 g、36.10 g、40.20 g 和 43.10 g,此时,T1 处理已经发生了特旱现象,其棉花叶片干物质量与对照处理相比下降了 25.29%,T2、T3 处理发生了重旱现象,其棉花叶片干物质量与对照处理相比分别下降了 19.49%和 16.24%,T4 处理发生了中旱现象,其棉花叶片干物质量与对照处理相比下降了 6.73%。

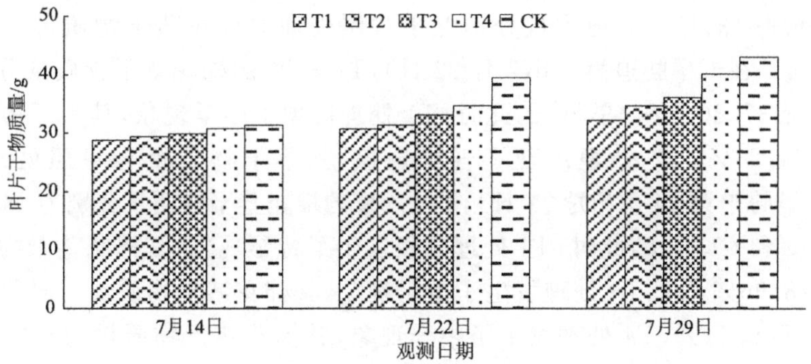

图 4.25　干旱胁迫过程中棉花叶片干物质量的变化

(2)叶柄干物质量的变化

从图 4.26 可以看出,在干旱胁迫之前(7 月 14 日),各个处理的棉花叶柄干物质量并无显著性差异;在干旱胁迫之后,干旱胁迫对棉花叶柄干物质量产生了显著影响,且随着干旱胁迫时间的延长,呈现出上升的趋势;同时,与对照处理相比,T1—T4 处理的棉花叶柄干物质量均低于对照处理。此时 T1—CK 处理的棉花叶柄干物质量分别为 4.30 g、4.60 g、4.80 g、5.00 g 和 5.30 g。在干旱胁迫第 7 d(7 月 22 日),T1—CK 的棉花叶柄干物质量分别为 4.60 g、5.30 g、6.00 g、6.50 g 和 7.70 g,此时,T1 处理出现了中旱现象,其叶柄干物质量与对照处理相比下降了 40.26%,T2 处理出现了轻旱现象,其叶柄干物质量与对照处理相比下降了 31.17%。在干旱胁迫第 14 d(7 月 29 日),T1—CK 的棉花叶柄干物质量分别为 4.80 g、5.70 g、6.60 g、6.80 g 和 8.00 g,此时,T1 处理已经发生了特旱现象,其棉花叶柄干物质量与对照处理相比下降了 40.00%,T2、T3 处理发生了重旱现象,其棉花叶柄干物质量与对照处理相比分别下降了 28.75%和 17.50%,T4 处理发生了中旱现象,其棉花叶柄干物质量与对照处理相比下降了 15.00%。

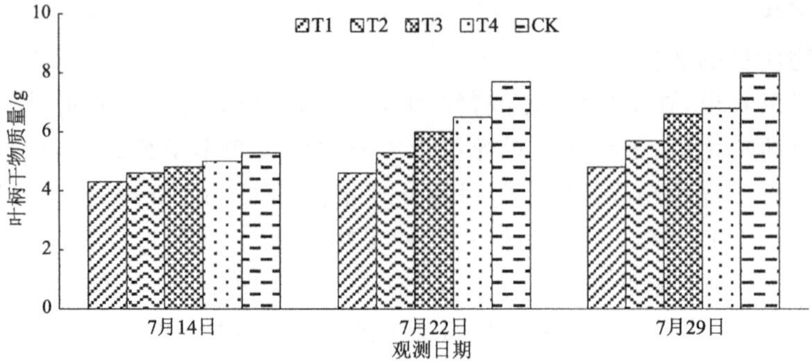

图 4.26　干旱胁迫过程中棉花叶柄干物质量的变化

(3)茎干物质量的变化

从图 4.27 可以看出,在干旱胁迫之前(7 月 14 日),各个处理的棉花茎干物质量并无显著性差异;在干旱胁迫之后,干旱胁迫对棉花茎干物质量产生了显著影响,且随着干旱胁迫时间的延长,呈现出上升的趋势;同时,与对照处理相比,T1—T4 处理的棉花茎干物质量均低于对照处理。此时 T1—CK 的棉花茎干物质量分别为 24.10 g、26.10 g、26.90 g、28.00 g 和 29.20 g,此时 T1—T4 处理的棉花茎干物质量分别低于对照处理的棉花茎干物质量 5.10 g、3.10 g、2.30 g 和 1.20 g。在干旱胁迫第 7 d(7 月 22 日),T1—CK 的棉花茎干物质量分别为 27.70 g、32.60 g、34.30 g、37.30 g 和 39.70 g,此时,T1 处理出现了中旱现象,其茎干物质量与对照处理相比下降了 30.23%,T2 处理出现了轻旱现象,其茎干物质量与对照处理相比下降了 17.88%。在干旱胁迫第 14 d(7 月 29 日),T1—CK 的棉花茎干物质量分别为 28.70 g、34.50 g、36.60 g、38.50 g 和 40.40 g,此时,T1 处理已经发生了特旱现象,其棉花茎干物质量与对照处理相比下降了 28.96%,T2、T3 处理发生了重旱现象,其棉花茎干物质量与对照处理相比分别下降了 14.60%和 9.41%,T4 处理发生了中旱现象,其棉花茎干物质量与对照处理相比下降了 4.70%。

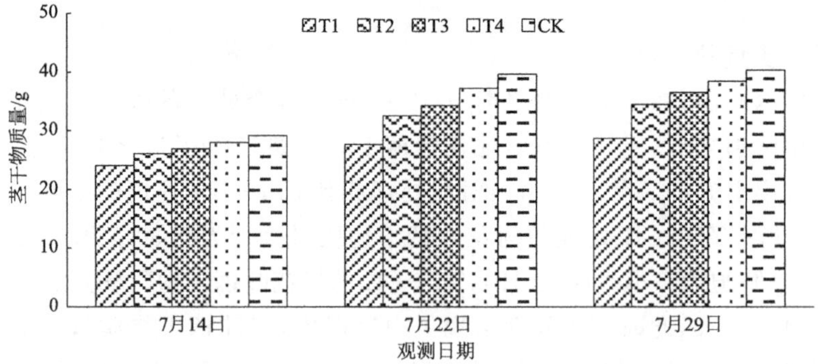

图 4.27　干旱胁迫过程中棉花茎干物质量的变化

(4)蕾铃干物质量的变化

从图 4.28 可以看出,在干旱胁迫之前(7 月 14 日),各个处理的棉花蕾铃干物质量并无显著性差异;在干旱胁迫之后,干旱胁迫对棉花蕾铃干物质量产生了显著影响,且随着干旱胁迫时间的延长,呈现出上升的趋势;同时,与对照处理相比,T1—T4 处理的棉花蕾铃干物质量均低于对照。此时 T1—CK 的棉花蕾铃干物质量分别为 14.20 g、15.50 g、16.80 g、18.10 g 和 20.10 g，此时 T1—T4 处理的棉花蕾铃干物质量分别低于对照 5.90 g、4.60 g、3.30 g 和 2.00 g。在干旱胁迫第 7 d(7 月 22 日)，T1—CK 的棉花蕾铃干物质量分别为 29.50 g、31.10 g、33.00 g、35.40 g 和 38.70 g，此时，T1 处理出现了中旱现象，其蕾铃干物质量与对照处理相比下降了 23.77%，T2 处理出现了轻旱现象，其蕾铃干物质量与对照处理相比下降了 19.64%。在干旱胁迫第 14 d(7 月 29 日)，T1—CK 的棉花蕾铃干物质量分别为 36.40 g、40.70 g、48.80 g、52.90 g 和 58.30 g，此时，T1 处理已经发生了特旱现象，其棉花蕾铃干物质量与对照处理相比下降了 37.56%，T2、T3 处理发生了重旱现象，其棉花蕾铃干物质量与对照处理相比分别下降了 30.19%和 16.30%，T4 处理发生了中旱现象，其棉花蕾铃干物质量与对照处理相比下降了 9.26%。

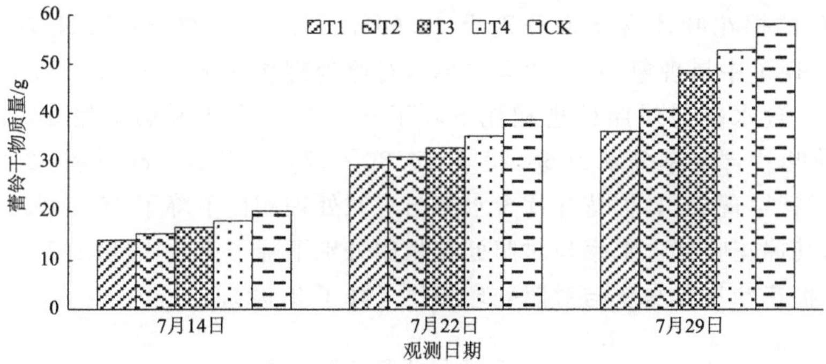

图 4.28 干旱胁迫过程中棉花蕾铃干物质量的变化

(5)总干物质量的变化

从图 4.29 可以看出，在干旱胁迫之前(7 月 14 日)，各处理的棉花总干物质量并无显著性差异；在干旱胁迫之后，干旱胁迫对棉花总干物质量产生了显著影响，且随着干旱胁迫时间的延长，呈现出上升的趋势；同时，与对照处理相比，T1—T4 处理的棉花总干物质量均低于对照处理。此时 T1—CK 的棉花总干物质量分别为 71.40 g、75.60 g、78.40 g、81.90 g 和 86.00 g，此时 T1—T4 处理的棉花总干物质量分别低于对照处理的棉花总干物质量 14.60 g、10.40 g、7.60 g 和 4.10 g。在干旱胁迫第 7 d(7 月 22 日)，T1—CK 的棉花总干物质量分别为 92.50 g、100.50 g、106.40 g、113.90 g 和 125.70 g，此时，T1 处理出现了中旱现象，其总干物质量与对照处理相比下降了 26.41%，T2 处理出现了轻旱现象，其总干物质量与对照处理相比下降了 20.05%。在干旱胁迫第 14 d(7 月 29 日)，T1—CK 的棉花总干物质量分别为 102.00 g、115.70 g、128.10 g、138.30 g 和 149.80 g，此时，T1 处理已经发生了特旱现象，其棉花总干物质量与对照处理相比下降了 31.91%，T2、T3 处理出现了重旱，其棉花总干物质量与对照处理相比分别下降了 22.76%和 14.49%，T4 处理发生了中旱现象，其棉花总干物质量与对照处理相比下降了 7.68%。

4.4.3 叶片含水率变化

从图 4.30 可以看出，叶片含水率随着干旱胁迫的进行呈现出不断下降的趋势。在干旱胁迫之前(7 月 14 日)，各个处理的棉花叶片含水率并无显著性差异，此时 T1—CK 处理的棉花叶片含水率分别为 77.90%、79.80%、81.20%、82.10%和 83.70%。在干旱胁迫第 7 d(7 月

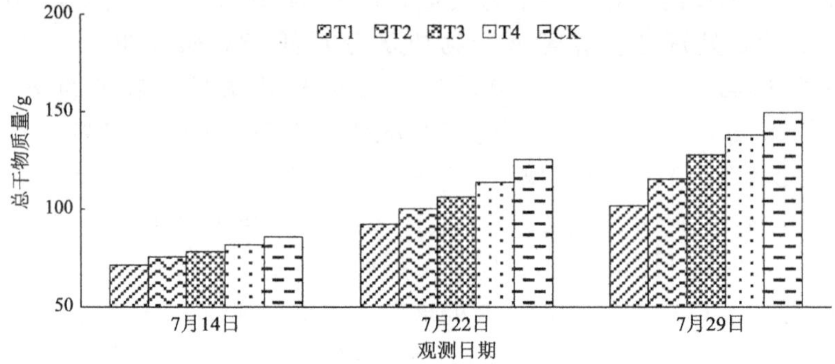

图 4.29 干旱胁迫过程中棉花总干物质量的变化

22 日)，T1—CK 的棉花叶片含水率分别为 78.60%、80.50%、83.20%、84.70%和 86.00%，此时，T1 处理出现了中旱现象，其叶片含水率与对照处理相比下降了 8.61%，T2 处理出现了轻旱现象，其叶片含水率与对照处理相比下降了 6.40%。在干旱胁迫第 14 d(7 月 29 日)，T1—CK 的棉花叶片含水率分别为 68.80%、74.80%、79.30%、79.80%和 82.20%，此时，T1 处理已经发生了特旱现象，其棉花叶片含水率与对照处理相比下降了 16.30%，T2、T3 处理发生了重旱现象，其棉花叶片含水率与对照处理相比分别下降了 9.00%和 3.53%，T4 处理发生了中旱现象，其棉花叶片含水率与对照处理相比下降了 2.92%。

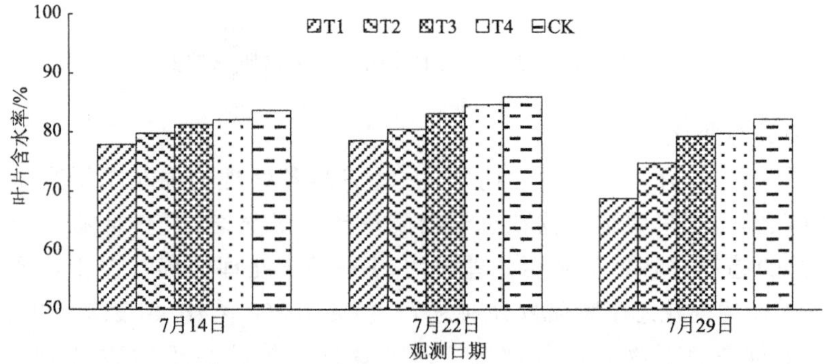

图 4.30 干旱胁迫过程中植株叶片含水率变化

4.5 棉花干旱胁迫过程中生理特性的变化

4.5.1 光合特性变化

(1)净光合速率的变化

从图 4.31 可以看出，净光合速率随着干旱胁迫的进行呈现出不断下降的趋势。在干旱胁迫之初(7 月 16 日)，各个处理的净光合速率并无显著性差异，在干旱胁迫之后，干旱胁迫对净光合速率产生了显著影响；同时，与对照处理相比，T1—T4 处理的净光合速率均低于对照处理的净光合速率。此时 T1—CK 的净光合速率分别为 31.20 $\mu mol \cdot m^{-2} \cdot s^{-1}$、32.70 $\mu mol \cdot m^{-2} \cdot s^{-1}$、33.50 $\mu mol \cdot m^{-2} \cdot s^{-1}$、34.50 $\mu mol \cdot m^{-2} \cdot s^{-1}$和 36.00 $\mu mol \cdot m^{-2} \cdot s^{-1}$。在干旱胁迫第 4 d(7 月 19 日)，T1—CK 的净光合速率分别为 30.70 $\mu mol \cdot m^{-2} \cdot s^{-1}$、31.10 $\mu mol \cdot$

$m^{-2}\cdot s^{-1}$、33.00 $\mu mol\cdot m^{-2}\cdot s^{-1}$、34.10 $\mu mol\cdot m^{-2}\cdot s^{-1}$和 35.50 $\mu mol\cdot m^{-2}\cdot s^{-1}$。此时,T1 处理出现了轻旱现象,其净光合速率与对照处理相比下降了 14.00%。在干旱胁迫第 9 d(7 月 24 日),T1—CK 的净光合速率分别为 26.90 $\mu mol\cdot m^{-2}\cdot s^{-1}$、28.70 $\mu mol\cdot m^{-2}\cdot s^{-1}$、32.40 $\mu mol\cdot m^{-2}\cdot s^{-1}$、33.80 $\mu mol\cdot m^{-2}\cdot s^{-1}$和 34.90 $\mu mol\cdot m^{-2}\cdot s^{-1}$。此时,T1、T2 处理出现了中旱现象,其净光合速率与对照处理相比下降了 23.00%和 18.00%。在干旱胁迫第 11 d(7 月 26 日),此时 T1—CK 的净光合速率分别为 17.70 $\mu mol\cdot m^{-2}\cdot s^{-1}$、24.60 $\mu mol\cdot m^{-2}\cdot s^{-1}$、28.70 $\mu mol\cdot m^{-2}\cdot s^{-1}$、31.50 $\mu mol\cdot m^{-2}\cdot s^{-1}$和 33.50 $\mu mol\cdot m^{-2}\cdot s^{-1}$。此时,T1、T2 处理出现了重旱现象,其净光合速率与对照处理相比下降了 47.00%和 27.00%;T3、T4 处理出现了中旱现象,其净光合速率与对照处理相比下降了 14.00%和 5.97%。在干旱胁迫第 14 d(7 月 29 日),此时 T1—CK 的净光合速率分别为 15.80 $\mu mol\cdot m^{-2}\cdot s^{-1}$、21.50 $\mu mol\cdot m^{-2}\cdot s^{-1}$、26.30 $\mu mol\cdot m^{-2}\cdot s^{-1}$、30.00 $\mu mol\cdot m^{-2}\cdot s^{-1}$和 32.50 $\mu mol\cdot m^{-2}\cdot s^{-1}$。此时,T1 处理出现了特旱现象,其净光合速率与对照处理相比下降了 51.00%;T2、T3 处理出现了重旱现象,其净光合速率与对照处理相比下降了 34.00%和 19.00%;T4 处理出现了中旱现象,其净光合速率与对照处理相比下降了 7.69%。

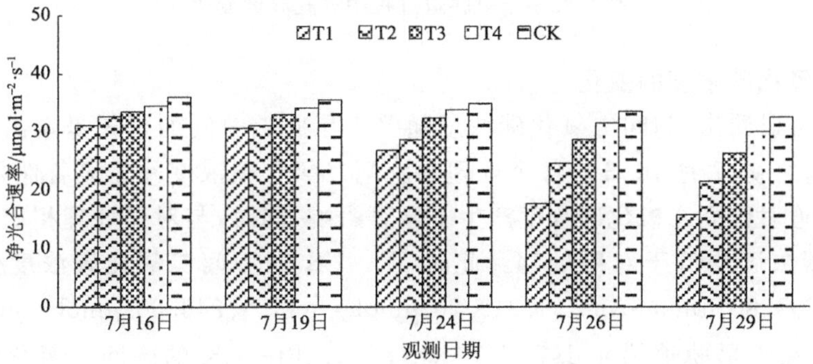

图 4.31　干旱胁迫过程中净光合速率变化

(2)气孔导度的变化

从图 4.32 可以看出,气孔导度随着干旱胁迫时间的延长呈现出不断下降的趋势。在干旱胁迫之初(7 月 16 日),各个处理的气孔导度并无显著性差异,在干旱胁迫之后,干旱胁迫对气孔导度产生了显著影响;同时,与对照处理相比,T1—T4 处理的气孔导度均低于对照。此时 T1—CK 的气孔导度分别为 0.65 $mol\cdot m^{-2}\cdot s^{-1}$、0.68 $mol\cdot m^{-2}\cdot s^{-1}$、0.71 $mol\cdot m^{-2}\cdot s^{-1}$、0.75 $mol\cdot m^{-2}\cdot s^{-1}$和 0.79 $mol\cdot m^{-2}\cdot s^{-1}$。在干旱胁迫第 4 d(7 月 19 日),此时 T1—CK 的气孔导度分别为 0.49 $mol\cdot m^{-2}\cdot s^{-1}$、0.58 $mol\cdot m^{-2}\cdot s^{-1}$、0.69 $mol\cdot m^{-2}\cdot s^{-1}$、0.82 $mol\cdot m^{-2}\cdot s^{-1}$和 0.88 $mol\cdot m^{-2}\cdot s^{-1}$。此时,T1 处理出现了轻旱现象,其气孔导度与对照处理相比下降了 44.00%。在干旱胁迫第 9 d(7 月 24 日),此时 T1—CK 的气孔导度分别为 0.41 $mol\cdot m^{-2}\cdot s^{-1}$、0.56 $mol\cdot m^{-2}\cdot s^{-1}$、0.67 $mol\cdot m^{-2}\cdot s^{-1}$、0.79 $mol\cdot m^{-2}\cdot s^{-1}$和 0.82 $mol\cdot m^{-2}\cdot s^{-1}$。此时,T1、T2 处理出现了中旱现象,其气孔导度与对照处理相比下降了 50.00%和 32.00%。在干旱胁迫第 11 d(7 月 26 日),此时 T1—CK 的气孔导度分别为 0.24 $mol\cdot m^{-2}\cdot s^{-1}$、0.42 $mol\cdot m^{-2}\cdot s^{-1}$、0.57 $mol\cdot m^{-2}\cdot s^{-1}$、0.71 $mol\cdot m^{-2}\cdot s^{-1}$和 0.78 $mol\cdot m^{-2}\cdot s^{-1}$。此时,T1、T2 处理出现了重旱现象,其气孔导度与对照处理相比下降

了 69.00%和 46.00%；T3、T4 处理出现了中旱现象，其气孔导度与对照处理相比下降了 27.00%和 8.97%。在干旱胁迫第 14 d(7 月 29 日)，此时 T1—CK 的气孔导度分别为 0.16 mol · m^{-2} · s^{-1}、0.24 mol · m^{-2} · s^{-1}、0.37 mol · m^{-2} · s^{-1}、0.52 mol · m^{-2} · s^{-1}和 0.62 mol · m^{-2} · s^{-1}。此时，T1 处理出现了特旱现象，其气孔导度与对照处理相比下降了 74.00%；T2、T3 处理出现了重旱现象，其气孔导度与对照处理相比下降了 61.00%和 40.0%；T4 处理出现了中旱现象，其气孔导度与对照处理相比下降了 16.13%。

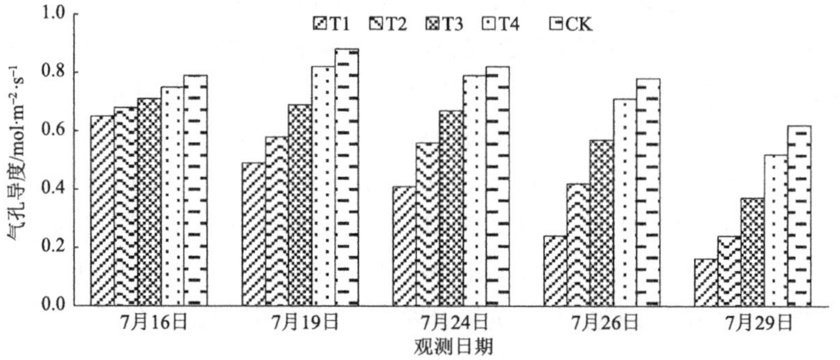

图 4.32 干旱胁迫过程中气孔导度变化

(3)胞间二氧化碳浓度的变化

从图 4.33 可以看出，胞间二氧化碳浓度随着干旱胁迫时间的延长呈现出不断下降的趋势。在干旱胁迫之初(7 月 16 日)，各个处理的胞间二氧化碳浓度并无显著性差异，在干旱胁迫之后，干旱胁迫对胞间二氧化碳浓度产生了显著影响；同时，与对照处理相比，T1—T4 处理的胞间二氧化碳浓度均低于对照处理。此时 T1—CK 的胞间二氧化碳浓度分别为 227.40 μmol · mol^{-1}、237.80 μmol · mol^{-1}、249.70 μmol · mol^{-1}、246.60 μmol · mol^{-1}和 279.30 μmol · mol^{-1}。在干旱胁迫第 4 d(7 月 19 日)，此时 T1—CK 的胞间二氧化碳浓度分别为 210.40 μmol · mol^{-1}、228.30 μmol · mol^{-1}、243.10 μmol · mol^{-1}、261.20 μmol · mol^{-1}和 276.10 μmol · mol^{-1}。此时，T1 处理出现了轻旱现象，其胞间二氧化碳浓度与对照处理相比下降了 24.00%。在干旱胁迫第 9 d(7 月 24 日)，此时 T1—CK 的胞间二氧化碳浓度分别为 191.50 μmol · mol^{-1}、207.70 μmol · mol^{-1}、230.20 μmol · mol^{-1}、248.20 μmol · mol^{-1}和 259.50 μmol · mol^{-1}。此时，T1、T2 处理出现了中旱现象，其胞间二氧化碳浓度与对照处理相比下降了 24.00%和 17.00%。在干旱胁迫第 11 d(7 月 26 日)，此时 T1—CK 的胞间二氧化碳浓度分别为 166.60 μmol · mol^{-1}、186.20 μmol · mol^{-1}、203.30 μmol · mol^{-1}、227.60 μmol · mol^{-1}和 246.50 μmol · mol^{-1}。此时，T1、T2 处理出现了重旱现象，其胞间二氧化碳浓度与对照处理相比下降了 32.00%和 24.00%；T3、T4 处理出现了中旱现象，其胞间二氧化碳浓度与对照处理相比下降了 18.00%和 7.67%。在干旱胁迫第 14 d(7 月 29 日)，此时 T1—CK 的胞间二氧化碳浓度分别为 127.10 μmol · mol^{-1}、162.50 μmol · mol^{-1}、180.20 μmol · mol^{-1}、206.80 μmol · mol^{-1}和 220.90 μmol · mol^{-1}。此时，T1 处理出现了特旱现象，其胞间二氧化碳浓度与对照处理相比下降了 42.00%；T2、T3 处理出现了重旱现象，其胞间二氧化碳浓度与对照处理相比下降了 26.00%和 18.00%；T4 处理出现了中旱现象，其胞间二氧化碳浓度与对照处理相比下降了 6.38%。

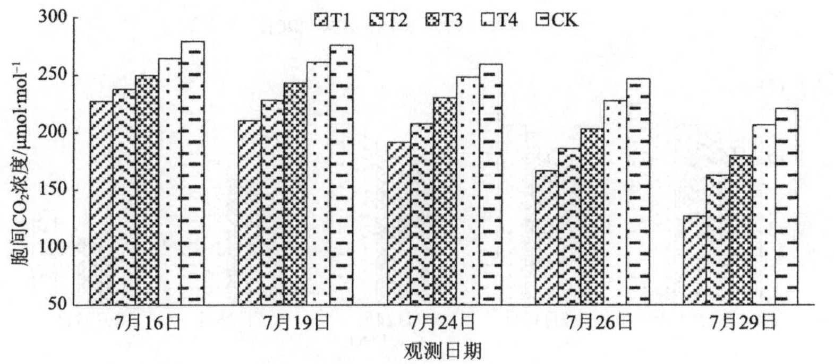

图 4.33　干旱胁迫过程中胞间二氧化碳浓度变化

(4)蒸腾速率的变化

从图 4.34 可以看出，蒸腾速率随着干旱胁迫时间的延长呈现出不断下降的趋势。在干旱胁迫之初(7 月 16 日)，各个处理的蒸腾速率并无显著性差异，在干旱胁迫之后，干旱胁迫对蒸腾速率产生了显著影响；同时，与对照处理相比，T1—T4 处理的蒸腾速率均低于对照处理。此时 T1—CK 的蒸腾速率分别为 10.80 mmol·m^{-2}·s^{-1}、11.90 mmol·m^{-2}·s^{-1}、12.80 mmol·m^{-2}·s^{-1}、13.20 mmol·m^{-2}·s^{-1}和 13.90 mmol·m^{-2}·s^{-1}。在干旱胁迫第4 d(7 月 19 日)，此时 T1—CK 的蒸腾速率分别为 9.70 mmol·m^{-2}·s^{-1}、10.80 mmol·m^{-2}·s^{-1}、11.90 mmol·m^{-2}·s^{-1}、12.40 mmol·m^{-2}·s^{-1}和 13.20 mmol·m^{-2}·s^{-1}。此时，T1 处理出现了轻旱现象，其蒸腾速率与对照处理相比下降了 27.00%。在干旱胁迫第 9 d(7 月 24 日)，此时 T1—CK 的蒸腾速率分别为 8.00 mmol·m^{-2}·s^{-1}、9.20 mmol·m^{-2}·s^{-1}、10.30 mmol·m^{-2}·s^{-1}、11.80 mmol·m^{-2}·s^{-1}和 12.50 mmol·m^{-2}·s^{-1}。此时，T1、T2 处理出现了中旱现象，其蒸腾速率与对照处理相比下降了 36.00%和 26.00%。在干旱胁迫第 11 d(7 月 26 日)，此时 T1—CK 的蒸腾速率分别为 5.30 mmol·m^{-2}·s^{-1}、7.60 mmol·m^{-2}·s^{-1}、8.70 mmol·m^{-2}·s^{-1}、9.90 mmol·m^{-2}·s^{-1}和 10.50 mmol·m^{-2}·s^{-1}。此时，T1、T2 处理出现了重旱现象，其蒸腾速率与对照处理相比下降了 50.00%和 28.00%；T3、T4 处理出现了中旱现象，其蒸腾速率与对照处理相比下降了 17.00%和 5.71%。在干旱胁迫第 14 d(7 月 29 日)，此时 T1—CK 的蒸腾速率分别为 2.10 mmol·m^{-2}·s^{-1}、3.20 mmol·m^{-2}·s^{-1}、4.60 mmol·m^{-2}·s^{-1}、5.20 mmol·m^{-2}·s^{-1}和 6.60 mmol·m^{-2}·s^{-1}。此时，T1 处理出现了特旱现象，其蒸腾速率与对照处理相比下降了 68.00%；T2、T3 处理出现了重旱现象，其蒸腾速率与对照处理相比下降了 52.00%和 30.00%；T4 处理出现了中旱现象，其蒸腾速率与对照处理相比下降了 21.21%。

4.5.2　荧光特性变化

(1)初始荧光变化

从图 4.35 可以看出，在干旱胁迫之前(7 月 14 日)，各个处理的初始荧光并无显著性差异，此时 T1—CK 的初始荧光分别为 250.00、246.30、243.70、240.30 和 255.70。在干旱胁迫第 4 d(7 月 19 日)，此时 T1—CK 的初始荧光分别为 256.00、252.70、246.00、243.60 和 263.30，此时，T1 处理出现了轻旱现象，其初始荧光与对照处理相比下降了 3.00%。在干旱胁迫第 7 d(7 月 22 日)，此时 T1—CK 的初始荧光分别为 264.0、258.0、254.0、251.3 和

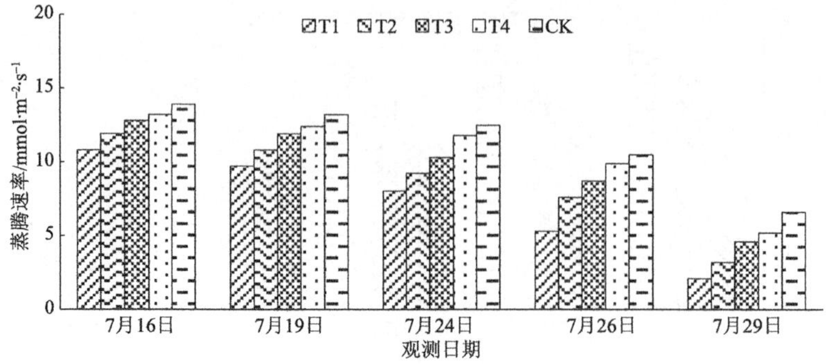

图 4.34　干旱胁迫过程中蒸腾速率变化

267.0，此时，T1 处理出现了中旱现象，其初始荧光与对照处理相比下降了 1.00%，T2 处理出现了轻旱现象，其初始荧光与对照处理相比下降了 4.00%。在干旱胁迫第 11 d(7 月 26 日)，此时 T1—CK 的初始荧光分别为 290.00、283.80、278.30、275.10 和 268.70。在干旱胁迫第 14 d(7 月 29 日)后，此时 T1—CK 的初始荧光分别为 319.00、312.20、306.10、302.60 和 274.00。

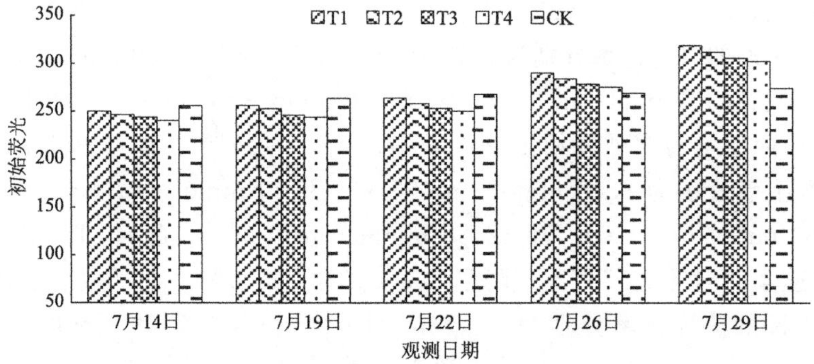

图 4.35　干旱胁迫过程中初始荧光变化

(2)最大荧光的变化

从图 4.36 可以看出，最大荧光随着干旱胁迫时间的延长呈现出不断下降的趋势。在干旱胁迫之前(7 月 14 日)，各个处理的最大荧光并无显著性差异，在干旱胁迫之后，干旱胁迫对最大荧光产生了显著影响；同时，与对照处理相比，T1—T4 处理的最大荧光均低于对照处理。此时 T1—CK 处理的最大荧光分别为 1173.10、1183.10、1227.40、1244.60 和 1271.70。在干旱胁迫第 4 d(7 月 19 日)，此时 T1—CK 的最大荧光分别为 1144.70、1156.20、1187.50、1203.20 和 1237.70，此时，T1 处理出现了轻旱现象，其最大荧光与对照处理相比下降了 7.51%。在干旱胁迫第 7 d(7 月 22 日)，T1—CK 的最大荧光分别为 1000.50、1113.20、1135.20、1160.10 和 1177.70，此时，T1 处理出现了中旱现象，其最大荧光与对照处理相比下降了 6.56%，T2 处理出现了轻旱现象，其最大荧光与对照处理相比下降了 5.48%。在干旱胁迫第 11 d(7 月 26 日)，此时 T1—CK 的最大荧光分别为 967.20、990.40、1001.90、1021.70 和 1044.10，此时，T1、T2 处理出现了重旱现象，其最大荧光与对照处理相比下降了 7.37%和 5.14%；T3、T4 处理出现了中旱现象，其最大荧光与对照处理相比下降了 4.04%和 2.15%。

在干旱胁迫第 14 d(7 月 29 日)，T1—CK 的最大荧光分别为 849.50、938.20、958.60、999.00 和 1020.90，此时，T1 处理已经发生了特旱现象，其最大荧光与对照处理相比下降了 16.79%，T2、T3 处理发生了重旱现象，其最大荧光与对照处理相比分别下降了 8.10% 和 6.10%，T4 处理发生了中旱现象，其最大荧光与对照处理相比下降了 2.15%。

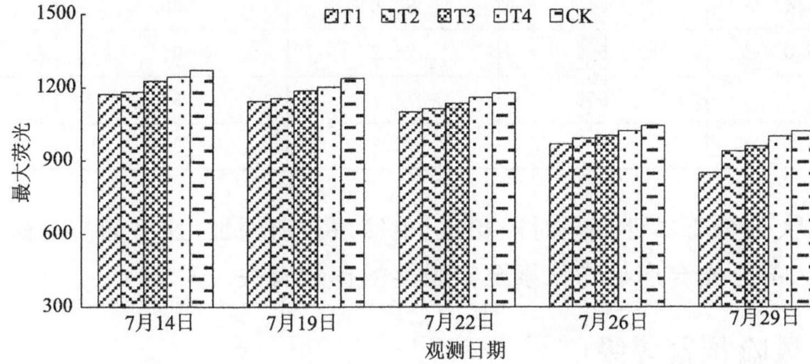

图 4.36　干旱胁迫过程中最大荧光变化

(3)PSⅡ原初光能转化效率的变化

从图 4.37 可以看出，在干旱胁迫之前(7 月 14 日)，各个处理的 PSⅡ原初光能转化效率 F_v/F_m 并无显著性差异，此时 T1—CK 的 PSⅡ原初光能转化效率 F_v/F_m 分别为 0.780、0.791、0.800、0.806 和 0.798。在干旱胁迫第 4 d(7 月 19 日)，此时 T1—CK 的 PSⅡ原初光能转化效率分别为 0.776、0.781、0.793、0.798 和 0.787。在干旱胁迫第 7 d(7 月 22 日)，此时 T1—CK 的 PSⅡ原初光能转化效率分别为 0.760、0.768、0.777、0.784 和 0.773。在干旱胁迫第 11 d(7 月 26 日)，此时 T1—CK 的 PSⅡ原初光能转化效率分别为 0.700、0.713、0.722、0.731 和 0.743。在干旱胁迫第 14 d(7 月 29 日)后，此时 T1—CK 的 PSⅡ原初光能转化效率分别为 0.624、0.667、0.681、0.697 和 0.732。

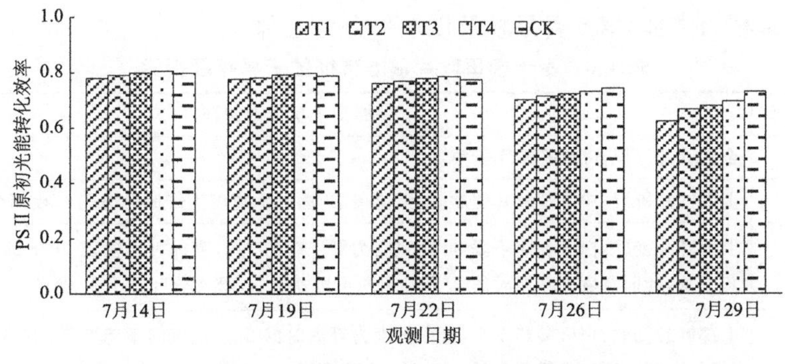

图 4.37　干旱胁迫过程中 PSⅡ原初光能转化效率变化

4.6　棉花干旱胁迫过程中产量变化

由表 4.2 可见，棉花花铃期进行持续干旱胁迫引起单株结铃数减少、蕾铃脱落率增加、纤维长度降低、产量下降($P<0.05$)。其中，T1—CK 各个处理的蕾铃脱落率分别为 85.7%、80.8%、76.2%、73.7%和 72.2%；T1—T4 与 CK 相比产量分别下降 46.4%、39.7%、29.5%、

27.8%。

表 4.2 干旱胁迫对棉花产量结构的影响

处理	单铃重/g	单株铃数/个	蕾铃脱落率/%	纤维长/mm	产量/kg · 667 m^{-2}
T1	4.3	3	85.7	30	154.29
T2	5.4	4	80.8	30	173.34
T3	5.0	5	76.2	31	202.87
T4	5.4	5	73.7	31	207.63
CK	5.2	6	72.2	33	287.63

单铃重方面，大部分干旱处理与对照相比，单铃重有所增加，这可能与单株结铃数降低、蕾铃脱落率增加而大部分光合产物均积累至未脱落的棉铃有关。

4.7 棉花干旱风险预警等级

4.7.1 棉花干旱敏感性指标

统计分析了土壤湿度、生育期、形态特征、光合生理特征与产量之间的相关关系，根据差异显著性分析各指标的敏感性顺序。

从棉花形态特征指标看，对生物量的影响＞生育期＞株高＞植株含水率。

从光合生理特征指标看，对光合速率的影响＞荧光特性。

从产量构成特征看，对最终产量的影响＞单株铃数＞蕾铃脱落率＞单铃重。

4.7.2 基于棉花叶片形态的干旱等级

棉花遭受干旱后，叶片先于其他器官反映出受旱症状，在土壤相对湿度达到不同干旱等级时观测叶片形态指标，以此作为棉花干旱形态特征指标，不同干旱等级下棉花形态特征见表 4.3、图 4.38。依据果枝台数将棉花植株分为上、中、下三部分，其中子叶节至第 2 台果枝为下部，第 3 至 5 台果枝为中部，第 6 台果枝及以上部分为上部。

表 4.3 基于棉田叶片形态特征的干旱等级指标

干旱等级	干旱类型	棉花干旱形态特征
0	无旱	全株叶片舒展，叶面平滑无折痕。
1	轻旱	上部叶片舒展；中下部叶片变软，白天萎蔫下垂，叶面宽度为舒展时的 3/4，夜间可以恢复。
2	中旱	上部叶片变软，白天萎蔫下垂，叶面宽度为舒展时的 3/4，夜间可以恢复；中下部叶片变软，白天萎蔫下垂，叶面宽度为舒展时的 2/3，且夜间不可恢复；下部部分叶片干缩、脱落。
3	重旱	上部叶片变软，白天萎蔫下垂，叶面宽度为舒展时的 2/3，且夜间不能恢复；中部叶片变软，白天萎蔫下垂，叶面宽度为舒展时的 1/3，且夜间不能恢复；下部叶片干缩、脱落。
4	特旱	全株 80%的叶片变软、白天萎蔫下垂，无平展叶面，且夜间不可恢复；中下部叶片干缩、脱落。

4.7.3 基于土壤相对湿度的干旱等级

基于棉花干旱模拟试验，观测花铃期棉田受旱后植株形态特征及生理特征变化。研究结果表明，地上部干物质质量的变化量 Δm_d（即相对于水分适宜棉田地上部干物质质量的增加量或减少量）可较好地反映不同土壤湿度对植株生长发育的影响（图 4.39），且简单易测。

[彩]图 4.38　不同干旱程度下棉花叶片及植株形态特征

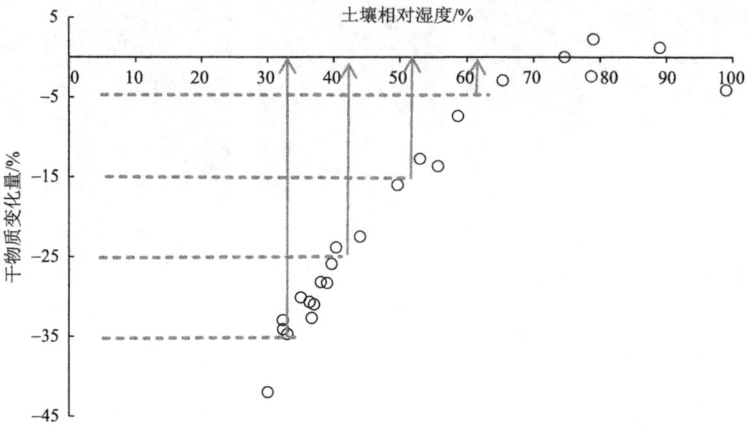

图 4.39 不同土壤湿度对干物质变化量的影响

依据地上部干物质质量减少量($\Delta m_d \leqslant 5\%$、$5\% < \Delta m_d \leqslant 15\%$、$15\% < \Delta m_d \leqslant 25\%$、$25\% < \Delta m_d \leqslant 35\%$、$\Delta m_d < 35\%$)将棉田干旱划分为无旱、轻旱、中旱、重旱、特旱 5 个等级，对应的 0～50 cm 平均土壤相对湿度指标见表 4.4。

表 4.4 基于土壤相对湿度(R_{sm})的干旱等级指标

干旱等级	干旱类型	土壤相对湿度/%
		花铃期
0	无旱	$R_{sm} > 60$
1	轻旱	$50 < R_{sm} \leqslant 60$
2	中旱	$40 < R_{sm} \leqslant 50$
3	重旱	$30 < R_{sm} \leqslant 40$
4	特旱	$R_{sm} \leqslant 30$

第 5 章　膜下滴灌棉花干旱复水解除技术

在膜下滴灌棉花生产过程中，干旱到何种程度进行复水灌溉，复水灌溉多少水量既能解除干旱，又能提升棉花的产量和品质，该科学问题的解决，可为节水灌溉和科学探讨棉花生产应对干旱对策措施提供依据，服务于棉花安全生产。

5.1　棉花干旱复水模拟试验

5.1.1　试验设计

供试品种为新陆早 78 号，植株呈塔形，Ⅰ—Ⅱ式果枝，株型较紧凑。茎秆多毛，果枝夹角小，叶片大、深绿色、叶裂深，棉铃长卵圆形、有喙，结铃性强，丰产性好，吐絮畅且集中，含絮力好，单铃重 5.6 g，籽指 10.2 g，衣分 43.3%。

试验于 2021 年在乌兰乌苏绿洲农田生态试验站开展，该试验站地处新疆准噶尔盆地南缘的玛纳斯河流域绿洲区内(44°N，85°E)，海拔高度 468.2 m。试验地土壤类型为灰漠土，土壤质地为沙壤土，土壤 pH 为 7.8，土壤基本肥力情况：有机质 11.9 $g \cdot kg^{-1}$、全氮 1.25 $g \cdot kg^{-1}$、碱解氮 78.0 $mg \cdot kg^{-1}$、速效磷 91.5 $mg \cdot kg^{-1}$、速效钾 315 $mg \cdot kg^{-1}$。每年秋季翻地时施尿素 75 $kg \cdot hm^{-2}$、磷酸二铵 180 $kg \cdot hm^{-2}$。棉花播种管理方式同大田模式，膜下滴灌，一膜六行，250 cm幅宽地膜，膜上行距(10+66+10+66+10)cm，株距 9.5 cm。共计 39 个小区，各小区间有深 3 m、宽 0.3 m 的防渗隔离墙以防止水分水平交换，并安装了大型电动防雨棚用于遮雨。

本试验在花铃期前按照正常灌溉、正常降水管理。在需水关键生育期(花龄期)进行水分胁迫，按照当地花铃期平均灌溉量的 30%(特重干旱)、50%(重度干旱)、70%(中度干旱)、90%(轻度干旱)和对照(100%平均灌溉量，无旱)设 5 个水分梯度处理，每个处理设 3 个重复，不同梯度水分胁迫利用土壤监测和水分灌溉系统(CS650，美国 Campbell)进行灌溉，提前设置灌溉量、调整流速、按量自动完成水分胁迫灌溉。对照为相同的时间开始同步进行灌溉。形成特重干旱、重度干旱、中度于旱、轻度干旱、无旱五种干旱程度。在棉花花铃期结束、裂铃前(按照农业气象观测规范，以棉花生长出现裂铃为复水开始时间)进行复水处理，而后直至生育期结束，全生育期不再进行补充灌溉、利用遮雨棚不接收降水。每个处理均设置 3 个复水梯度，复水量为当地裂铃期平均灌溉量的 50%(T1)、75%(T2)、100%(T3)；对照处理按照平均灌溉量进行灌溉。裂铃前平均灌溉量的计算同花铃期平均灌溉量计算方法。统计分析近 10 年(2008—2018 年，经前期调查分析，近 10 年来棉花种植模式、灌溉模式基本一致、未发生规模性的变化)资料，来计算棉花各生育期的灌溉量。棉花花铃期结束、裂铃前大田最后一次平均灌溉量为 675 $m^3 \cdot hm^{-2}$。数据来源于农业气象观测、农业局(农业生产科)统计资料。试验小区分布图见图 5.1。

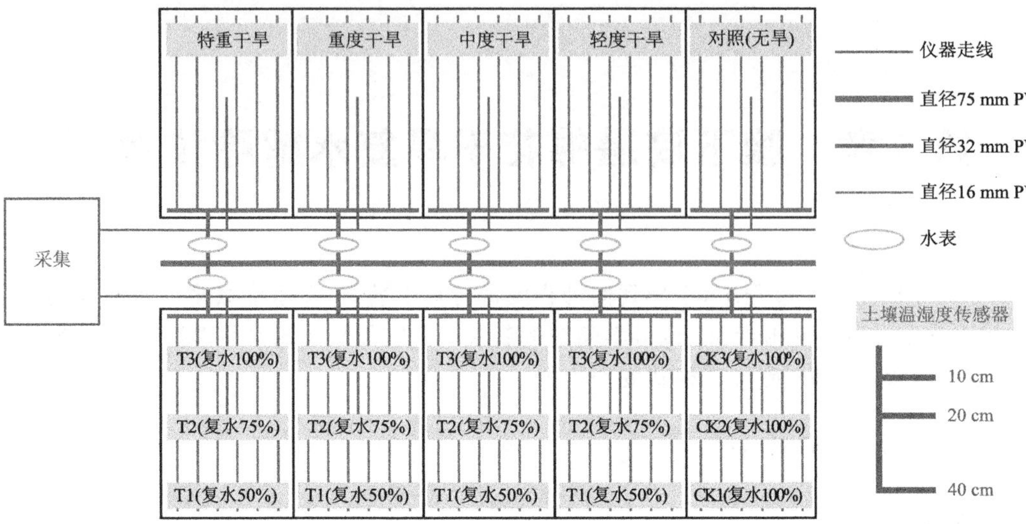

图 5.1 试验小区布局图

5.1.2 观测方法

5.1.2.1 土壤水分连续观测

利用土壤监测和水分灌溉系统(CS650,美国 Campbell),进行土壤温度、土壤体积含水量连续观测。观测深度为 10 cm、20 cm、40 cm 土壤。观测频率为 30 min,分实时传输和存储卡两种数据存储采集方式。同时采用人工烘干称重法进行各生育期对比观测,测定其湿土重后置于烘箱 105 ℃烘干至恒重后进行干土样称重,各处理重复取样 3 次。裂铃期自干旱复水开始,每 5 d 一次加密观测,至整个生育期结束。

5.1.2.2 棉花形态特征观测

生物量:按照《农业气象观测规范》进行观测,各处理均取长势相同的三株棉株,测量其株高后,将其分解茎、叶、蕾铃、叶柄等,测量其鲜重后放入牛皮纸袋,放入烘箱 105 ℃下杀青 1 h,80 ℃下烘干至重量不再变化,称量其干重。每次棉花植株光合、叶绿素荧光特征观测结束后,取样进行。

叶片含水率:[(叶片鲜重－叶片干重)/叶片干重]×100%。

叶片形态特征:观测内容包括叶片颜色、叶片卷曲程度、下垂程度。复水期间每天分 2 个不同时段(北京时间上午 12:00—14:00,下午 19:00—20:00),选取长势相同的棉株,通过拍照、角度量取、文字描述等方式记录叶片外形特征,最终评价以上午的观测为准,其他时段观测结果作为参考。

观测规范:①叶片颜色:黄绿、碧绿、翠绿、灰绿、枯黄。

②卷曲程度:无、微卷、一般卷、严重卷、极严重卷。(无:叶片舒展,叶缘与叶面无明显角度。微卷下部叶片基本舒展,仅上部新展及未展叶的叶梢及边缘略卷。一般卷:新展叶及未展叶的边缘明显卷曲,两边叶缘互相接近,基本已经形成闭合圈,卷曲后的叶片宽度较平展时减少约 1/3 左右。严重卷:植株中上部叶片明显卷曲,叶片边缘各自内卷接近筒状,卷曲后的叶片宽度约为平展时的 1/2 左右,但仍能看见主叶脉。极严重卷:植株中上部叶片已经卷成棒

状，卷曲面几乎看不见主叶脉。）

③下垂程度：无、轻度下垂、中度下垂、严重下垂、特旱下垂。（无：未展叶挺直，全展叶以自然弧度向下弯曲，叶梢与叶片基部向下构成较大的弧度（钝角），叶面平滑无折痕。轻度下垂：未展叶挺直，全展叶的基部与中部依然呈现较大弧度，仅叶梢下垂，叶面有折痕。中度下垂：全展叶由叶片中部开始向下弯曲，叶梢与叶片基部呈锐角。严重下垂：植株多数叶片自叶中、基部下折，折痕明显。特旱下垂：植株绝大多数叶片自叶中、基部下折，有折断现象。）

5.1.2.3 棉花生理特性观测

各生育期分别观测棉花植株光合特性、叶绿素荧光、叶片水势等特征参数。裂铃期自复水开始，每 5 d 一次加密观测，每次观测 3 次重复。光合特征利用便携式光合仪（LI-6400，LI-COR，USA）测定植株叶片净光合速率、气孔导度、蒸腾速率等特征参数。荧光特征采用便携式荧光仪（MINI PAM，德国 WALZ），测定植株叶片初始荧光（F_o）、最大荧光（F_m），计算光能转化效率（F_v/F_m）。

5.1.2.4 棉花产量结构观测

按照《农业气象观测规范》进行每个处理观测，包括单株铃数、单铃重、蕾铃脱落率、纤维长度、产量等功能结构特征。

5.1.2.5 棉田气象因子观测

光照强度测定：以照度计的感光部分水平放置于行间。这样测得的数据反映了太阳高度角（$h=90°-\varphi+\delta$）的年、日变化特点，能较客观地反映当时棉花的受光情况。

气温的测定：采用棉花高度的 2/3 处为测温点，用阿斯曼通风干湿表测量，进行气温测量时把气温表用反射性能强的薄片做成防辐射罩把测温部分遮挡起来，防止太阳的直接辐射（但不能影响测温部分的空气流通），以减少误差。

地表温度的测定：测地面温度选用玻璃套管式地面温度表，温度表放平，测温部分一半埋在土中一半暴露在空气中，感应部分朝东。

积温的计算：将逐日平均气温相加所得的总数是总积温，高于作物生物学下限温度的日平均气温是活动温度。某一段时间内活动温度的累积总数就是活动积温，日平均气温减去作物生物学下限温度所得即为有效温度。某一段时间内有效温度的累积总数为有效积温。

5.2 棉花干旱复水过程中土壤水分变化

5.2.1 特重干旱复水

由图 5.2 可知，在复水前（7 月 29 日），T1、T2、T3 土壤相对湿度分别为 22.6%、22.8%和 23.8%，为特旱级别。8 月 4 日（复水后 2 d），T1、T2、T3 土壤相对湿度均出现大幅度上升，分别较 7 月 29 日上升了 172.1%、197.4%、214.3%，复水量越多，上升幅度越大。随复水时间的延长，土壤相对湿度逐渐降低，复水后 18 d，T1 土壤相对湿度低于 30%，达到特旱级别，发展成复水前水平；T2、T3 土壤相对湿度分别为 33.0%、37.0%，处于重旱级别。随着发育进程的推进，至 8 月 31 日，土壤相对湿度持续下降，T1 土壤相对湿度为 28.0%，为特旱；T2、T3 土壤相对湿度分别处于重旱、中旱状态。

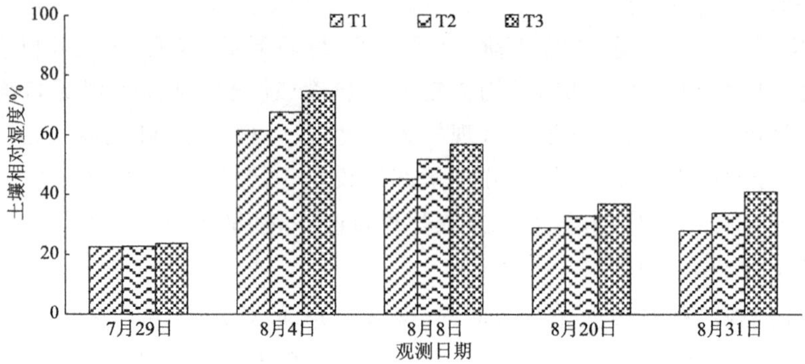

图 5.2　特重干旱复水后土壤相对湿度变化

5.2.2　重度干旱复水

由图 5.3 可知,7 月 29 日 T1、T2、T3 土壤相对湿度分别为 33.0%、33.0%、33.8%,均为重旱级别。复水后 2 d,各处理相对土壤湿度出现最大程度上升,由于复水量的不同,T1、T2、T3 的土壤相对湿度出现显著差异,但均大于 60%。8 月 8 日,各处理土壤相对湿度均显著下降,复水 12 d 以后,土壤相对湿度变化幅度不大。8 月 31 日,T1 土壤相对湿度为 28.8%,发展为特旱。T2 土壤相对湿度为 35.2%,处于重旱状态。T3 土壤相对湿度为 44.6%,处于中旱状态。

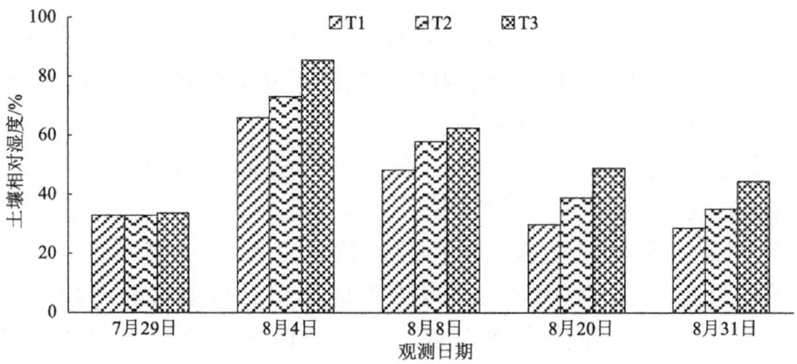

图 5.3　重度干旱复水后土壤相对湿度变化

5.2.3　中度干旱复水

由图 5.4 可知,7 月 29 日(复水前),各处理土壤干旱程度一致,T1、T2、T3 土壤相对湿度分别为 45.0%、44.0%、42.0%,均处于中旱级别。复水后 2 d,各处理土壤相对湿度较 7 月 29 日显著上升,均大于 70%。8 月 8 日,土壤相对湿度下降明显,T1、T2、T3 的土壤相对湿度较 8 月 4 日分别下降 25.0%、18.5%、23.0%。复水后 29 d,T1 发展成特旱,T2 土壤相对湿度为 48.2%,中旱级别,T3 土壤相对湿度为 62.0%,无旱。

5.2.4　轻度干旱复水

由图 5.5 可知,7 月 29 日(复水前),各处理土壤水分亏缺程度相同,土壤相对湿度分别为 50.5%、51.0%、51.0%,均为轻度干旱。8 月 4 日复水后,土壤相对湿度均显著上升,均大于

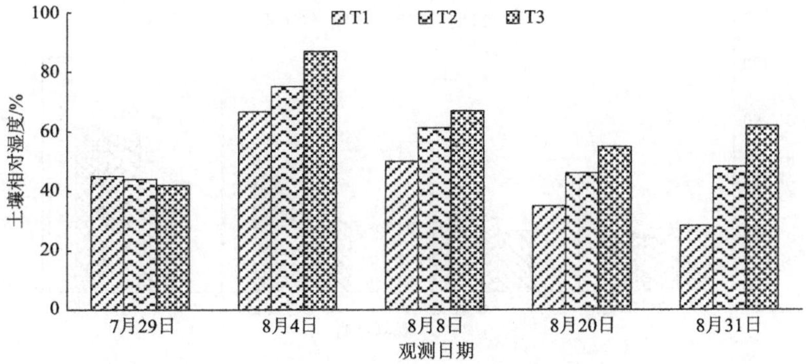

图 5.4　中度干旱复水后土壤相对湿度变化

60%，且 T1、T2、T3 土壤相对湿度上升幅度与复水量成正比，土壤相对湿度：T1＜T2＜T3。复水后 6 d，土壤相对湿度显著下降，与 8 月 4 日相比，T1、T2、T3 分别下降了 23.4%、12.6%、9.8%，T1 下降幅度最大。至 8 月 31 日，T1 发展为重旱，T2、T3 土壤相对湿度均高于 60%，无旱。

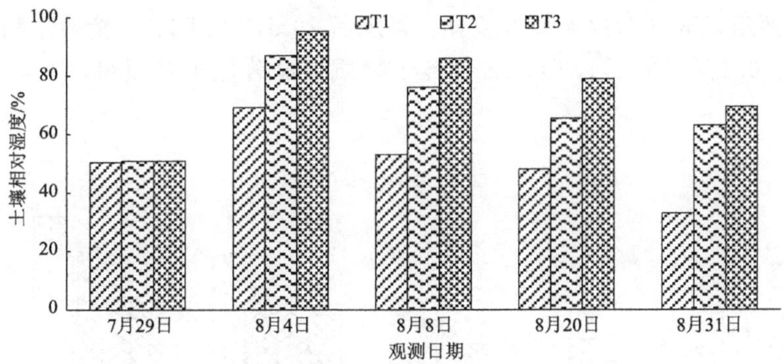

图 5.5　轻度干旱复水后土壤相对湿度变化

5.3　棉花干旱复水过程中形态特性的变化

5.3.1　对棉花生物量的影响

5.3.1.1　蕾铃干物质量变化

(1)特重干旱复水

如图 5.6 所示，处于特重干旱情况下的棉田在 7 月 29 日(梯度复水前)时，T1、T2、T3 蕾铃干物质量分别为 31.6 g、33.9 g、30.9 g，显著低于对照组的 58.3 g。梯度复水 3 d 后，T1、T2、T3 蕾铃干物质量仍显著低于对照组，分别为对照的 39.5%、48.6%、53.6%，T1、T2 蕾铃干物质量之间无显著差异，T3 蕾铃干物质量显著低于 T1、T2。8 月 20 日，T1 蕾铃干物质量较 8 月 5 日增加了 5.9 g，T2 增加了 35.4 g，T3 增加了 28.9 g，T1 的增长量显著低于 T2、T3 两组，T1、T2、T3 均显著低于对照。至 8 月 31 日，T1 蕾铃干物质量为对照组的 34.8%极显著低于对照，显著低于 T1、T2；T2、T3 的蕾铃干物质量无显著差异，均显著低于对照。

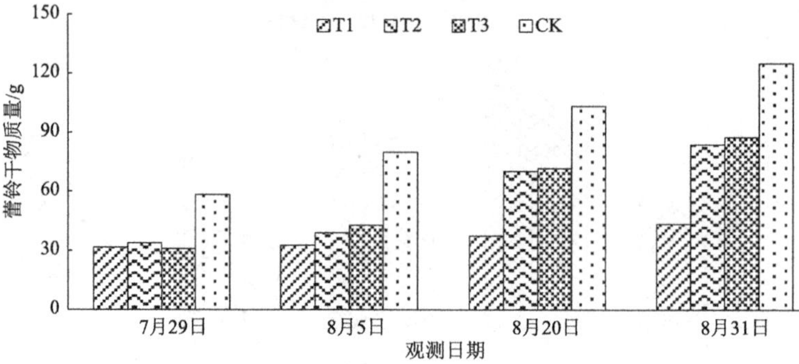

图 5.6　特重干旱复水后蕾铃干物质量变化

(2)重度干旱复水

如图 5.7 所示,重度干旱下的棉田在梯度复水前,T1、T2、T3 的蕾铃干物质量无显著差异,且均显著低于对照。复水后 3 d,T1、T2、T3 蕾铃干物质量分别为 37.4 g、55.9 g、69.0 g,呈现显著性差异,T1、T2 蕾铃干物质量显著低于对照组,T3 与对照无显著差异。8 月 20 日,T1、T2、T3 蕾铃干物质量均低于对照组,分别为对照组的 69.4%、78.0%、92.6%,其中 T1、T2 显著低于对照组,T3 与对照无显著差异。复水后 29 d,T1、T2、T3 蕾铃干物质量分别为对照组的 63.2%、70.1%、86.5%,T1、T2 蕾铃干物质量显著低于对照组,T3 与对照组差异不显著。

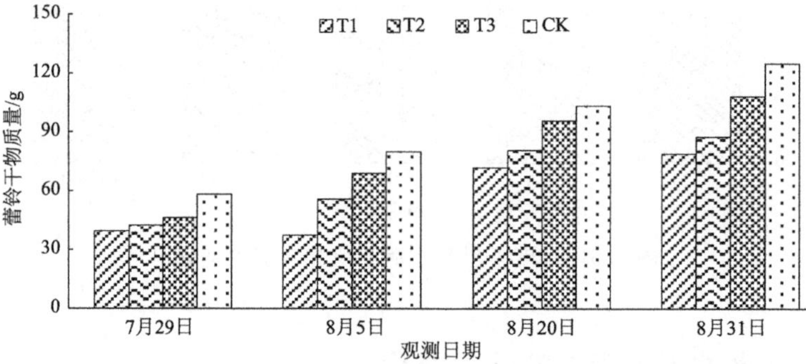

图 5.7　重度干旱复水后蕾铃干物质量变化

(3)中度干旱复水

如图 5.8 所示,中度干旱胁迫下的棉田在 7 月 29 日(梯度复水前)时,T1、T2 的蕾铃干物质量与对照组差异不显著,T3 显著低于对照组。梯度复水 2 d 后,T1、T2、T3 蕾铃干物质量分别为 67.1 g、76.4 g、78.0 g,略低于对照。8 月 20 日,T1 蕾铃干物质量较 8 月 5 日增加了 32.8 g,T2 增加了 7.71g,T3 增加了 23.4 g,各处理均低于对照,T3 与对照组差异不显著,T1、T2 显著低于对照和 T3。至 8 月 31 日,T1、T2 蕾铃干物质量分别为对照的 71.0%、90.4%,T3 超出对照 5.5%,均与对照组无显著差异。

(4)轻度干旱复水

由图 5.9 所示,轻度干旱的棉田在 7 月 29 日(梯度复水前)时,T1、T2、T3 的蕾铃干物质量与对照组的差异不显著,8 月 5 日复水后,T1、T2、T3 蕾铃干物质量分别为 70.3 g、69.1 g、

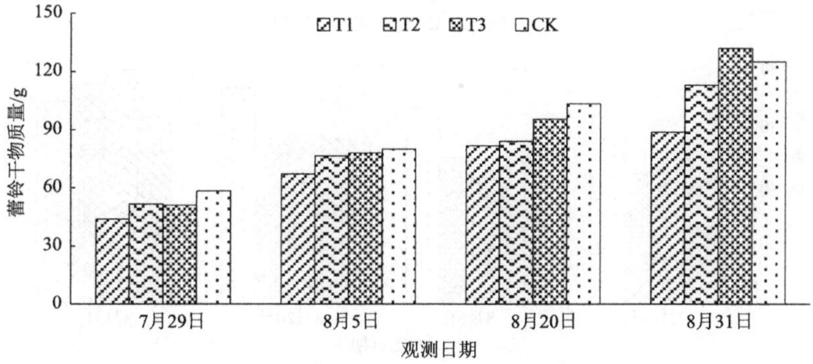

图 5.8　中度干旱复水后蕾铃干物质量变化

70.5 g，略低于对照组。8 月 20 日，T1、T2、T3 较 8 月 5 日分别增加 84.1%、89.5%、94.4%，对照组较 8 月 5 日增加 29.3%，实验组增长速度高于对照，且蕾铃干物质量显著高于对照组。至 8 月 31 日，T1 蕾铃干物质量高出对照 8.6%，T2 高出对照 10.4%，T3 高出对照 12.1%，均显著高于对照。

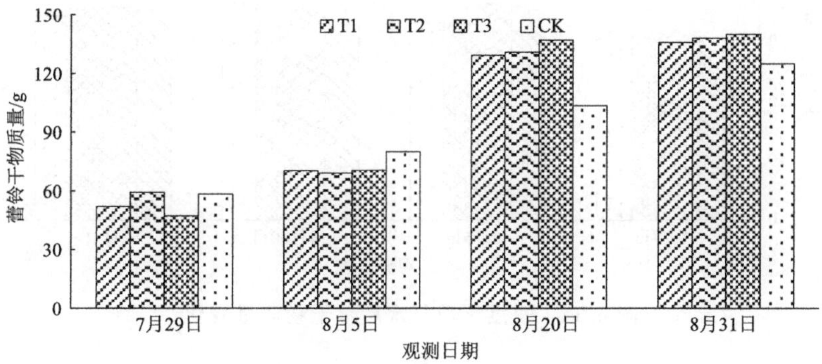

图 5.9　轻度干旱复水后蕾铃干物质量变化

5.3.1.2　茎干物质量变化

(1)特重干旱复水

如图 5.10 所示，特重干旱情况下的棉田在 7 月 29 日(梯度复水前)时，T1、T2、T3 的茎干物质量差异不大，且均显著低于对照组，8 月 5 日，梯度复水后 2 天，T1、T2、T3 茎干物质量变化不大，分别为对照的 77.9%、64.2%、74.6%。至 8 月 20 日，各处理茎干物质量持续增加，其中，T1 茎干物质量增加了 2.1 g；T2 茎干物质量增加了 7.4 g，T3 增加了 3.2 g；但各处理仍显著低于对照组。至 8 月 31 日，T2、T3 茎干物质量均显著高于对照组，T1 茎干物质量与对照组无显著差异。

(2)重度干旱复水

由图 5.11 所示，遭受重度干旱胁迫的棉田在梯度复水前(7 月 29 日)，T1、T2、T3 的茎干物质量分别为 31.2 g、32.3 g 和 31.8 g，对照组为 32.1 g，各处理之间无显著差异。8 月 5 日梯度复水后，T1、T3 茎干物质量分别为 32.0 g、33.3 g，略低于对照；T2 茎干物质量为 36.8 g，略高于对照。至 8 月 20 日，T1、T2、T3 茎干物质量仍缓慢增加，与对照组之间差异不显著，略

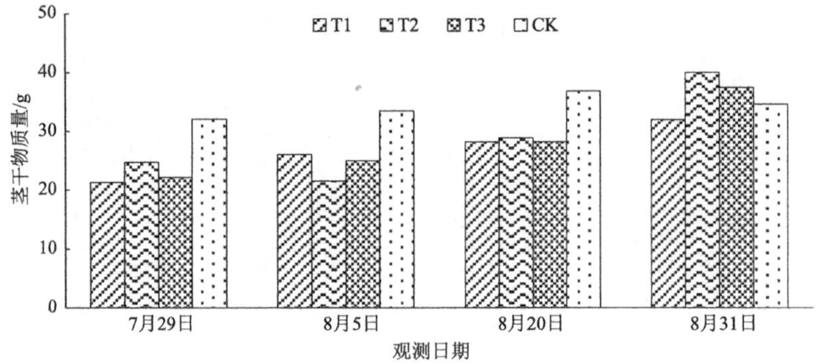

图 5.10　特重干旱复水后茎干物质量变化

低于对照组。至 8 月 31 日，T1 茎干物质量为 35.7 g、T2 茎干物质量为 36.1 g、T3 茎干物质量为 35.9 g，均略高于对照。

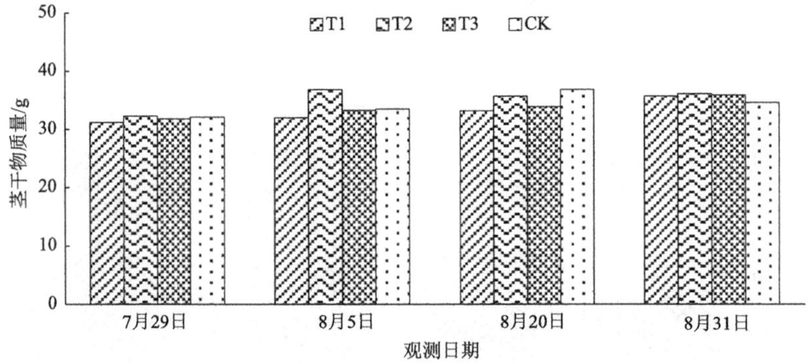

图 5.11　重度干旱复水后茎干物质量变化

(3)中度干旱复水

如图 5.12 所示，中度干旱情况下的棉田在梯度复水前，对照组茎干物质量为 32.4 g，T1、T2、T3 茎干物质量分别为 28.8 g、29.1 g 和 29.6 g，略低于对照组。8 月 5 日梯度复水后，T1、T2、T3 茎干物质量较 7 月 29 日分别增长了 4.8 g、3.7 g、2.5 g，对照组茎干物质量较 7 月

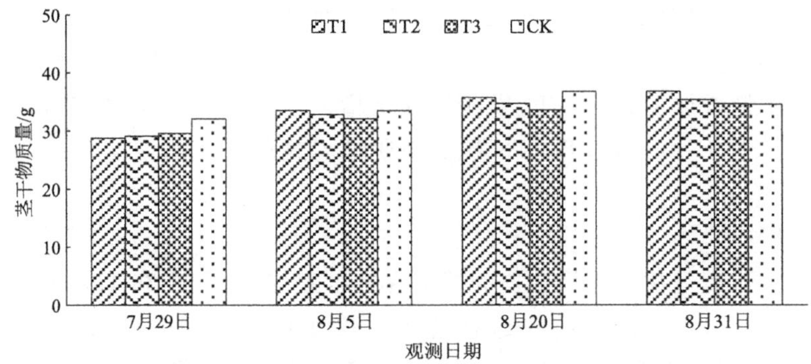

图 5.12　中度干旱复水后茎干物质量变化

29 日增加 1.4 g,实验组茎干物质增长量均大于对照组,对照组与实验组的茎干物质量之间差异仍不显著。至 8 月 20 日,T1、T2、T3 茎干物质量分别为 35.8 g、34.8 g、33.6 g,对照组茎干物质量为 34.8 g,四种处理之间无显著差异。至 8 月 31 日,T1、T2、T3 茎干物质量与对照之间仍无显著差异,且 T1＞CK＞T2＞T3。

(4)轻度干旱复水

如图 5.13 所示,受到轻度干旱胁迫的棉田在 7 月 29 日(梯度复水前)时,T1 茎干物质量为 30.8 g、T2 茎干物质量为 30.8 g、T3 茎干物质量为 30.2 g,对照组茎干物质量为 32.4 g,各处理间差异不大。到 8 月 5 日梯度复水后,各处理茎干物质量都出现了缓慢的增长,T1、T2、T3 较 7 月 29 日分别增长了 1.2 g、0.3 g、2.8 g。8 月 20 日,T1、T2、T3 茎干物质量增长幅度加大,分别较 8 月 5 日增加了 17.6%、19.0%、8.2%。三种处理茎干物质量均高于对照组,且 T1＞T2＞T3。至 8 月 31 日,T1、T2 茎干物质量分别为 40.0 g、38.8 g,T3 茎干物质量为 36.9 g,略高于对照。

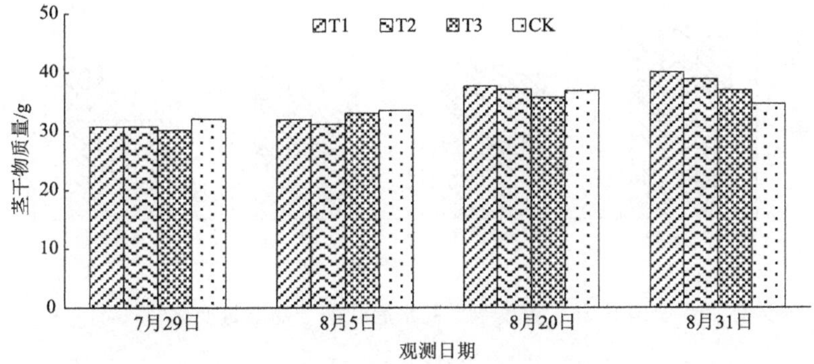

图 5.13 轻度干旱复水后茎干物质量变化

5.3.1.3 叶柄干物质量变化

(1)特重干旱复水

如图 5.14 所示,遭到特重干旱胁迫的棉田在梯度复水前(7 月 29 日),T1、T2、T3 叶柄干物质量无显著差异,分别为 2.9 g、3.4 g、3.3 g,对照组叶柄干物质量为 7.0 g,T1、T2、T3 叶柄干物质量极显著低于对照组。8 月 5 日梯度复水 2 d 后,T1、T2、T3 叶柄干物质量依然极显著低于对照组,分别为对照组的 35.4%、41.5%和 52.6%。至 8 月 20 日,实验组各处理叶柄干

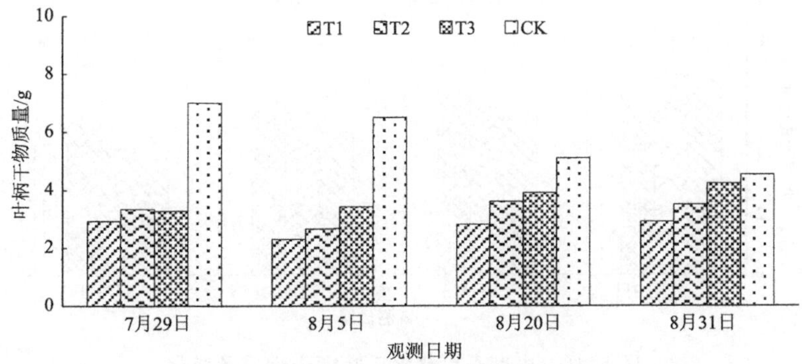

图 5.14 特重干旱复水后叶柄干物质量变化

物质量仍显著低于对照组，但与 8 月 5 日相比，实验组与对照组叶柄干物质量差距减少。复水后 29 d，T1、T2 叶柄干物质量分别为 2.9 g、3.5 g，显著低于对照。T3 叶柄干物质量为 4.5 g，与对照组差异不明显。

(2)重度干旱复水

由图 5.15 所示，遭受重度干旱的棉田在 7 月 29 日(梯度复水前)，T1、T2、T3 叶柄干物质量分别为 6.2 g、6.6 g、6.4 g，均略低于对照组，但与对照组差异不显著。8 月 5 日梯度复水后，T1、T2、T3 叶柄干物质量仍低于对照，分别为对照的 75.4%、80.0%、85.8%，各处理之间差异均不显著。至 8 月 20 日，T1、T2、T3 叶柄干物质量分别为 3.9 g、4.6 g、5.4 g，其中 T1 叶柄干物质量显著低于对照组，T2、T3 与对照组差异不显著。至 8 月 31 日(复水后 29 d)，T1 叶柄干物质量极显著低于对照组，为对照组的 75.6%，T2 与对照组无显著差异，T3 高出对照组 22.2%。

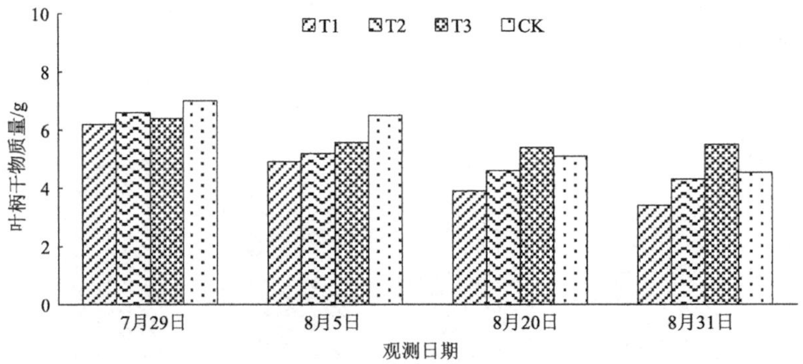

图 5.15　重度干旱复水后叶柄干物质量变化

(3)中度干旱复水

如图 5.16 所示，中度干旱胁迫下的棉田在 7 月 29 日(梯度复水前)，T1、T2、T3 叶柄干物质量分别为 6.8 g、6.9 g、6.6 g，均低于对照组但差异不显著。8 月 5 日梯度复水后，T1、T2、T3 叶柄干物质量较 7 月 29 日呈现下降趋势，分别下降了 17.6%、13.0%、5.8%，各处理之间仍无显著差异。至 8 月 20 日(复水 18 d 后)，T1、T2、T3 叶柄干物质量持续下降，T1 叶柄干物质量略低于对照组，T2、T3 叶柄干物质量略高于对照组。至 8 月 31 日，T1、T2 叶柄干物质量分别为 4.0 g、4.37 g，与对照组无显著差异，T3 叶柄干物质量为 5.4 g，显著高于对照。

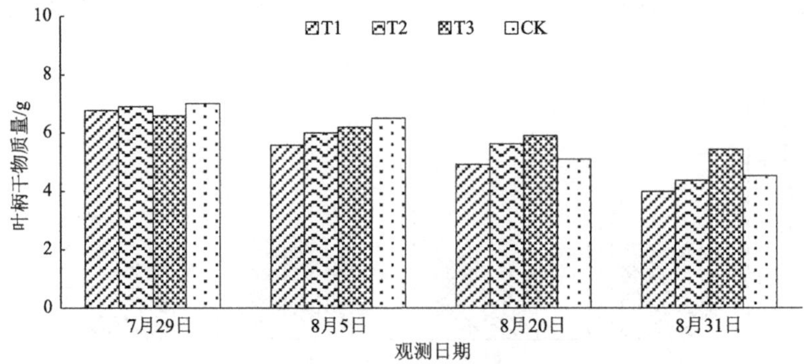

图 5.16　中度干旱复水后叶柄干物质量变化

(4)轻度干旱复水

如图 5.17 所示,受到轻度干旱胁迫的棉田在 7 月 29 日(梯度复水前)时,T1、T2、T3、CK 叶柄干物质量分别为 7.0 g、7.2 g、7.1 g、7.0 g,实验组与对照组无显著差异。8 月 5 日梯度复水后,T1、T2、T3 叶柄干物质量较 7 月 29 日呈下降趋势,分别下降了 12.9%、5.0%、2.1%;对照组较 7 月 29 日下降了 7.1%。T1 叶柄干物质量下降幅度大于对照组,T2、T3 下降幅度小于对照,各处理之间无显著差异。至 8 月 20 日,T1、T2、T3 叶柄干物质量分别为 5.6 g、5.9 g、6.3 g,均高于对照组。至 8 月 31 日(复水后 29 d),叶柄干物质量:T1<T2<T3,均高于对照组。

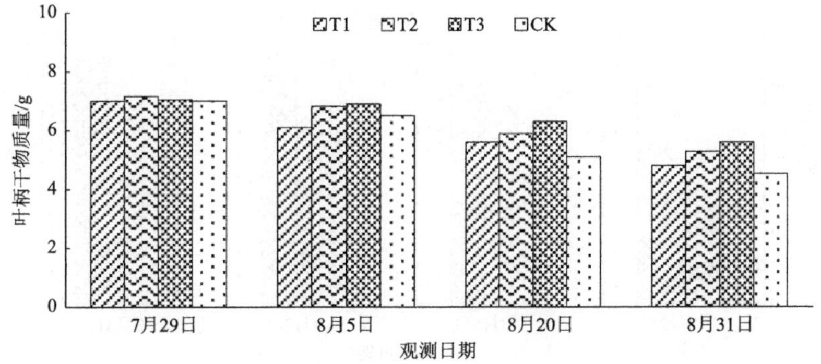

图 5.17 轻度干旱复水后叶柄干物质量变化

5.3.1.4 叶干物质量变化

(1)特重干旱复水

由图 5.18 所示,特重干旱胁迫下的棉田在梯度复水前(7 月 29 日),T1、T2、T3 叶干物质量之间无显著差异,但都极显著低于对照组,分别为对照组的 42.3%、55.0%、51.9%。8 月 5 日梯度复水 2 d 后,T1、T2、T3 叶干物质量分别为 13.8 g、18.2 g、21.6 g,均极显著低于对照组,且 T1 叶干物质量显著低于 T2、T3。至 8 月 20 日,T1、T2、T3 叶干物质量分别为 19.3 g、24.6 g、26.8 g,T1 叶干物质量显著低于对照组,T2、T3 低于对照但差异不显著。至 8 月 31 日,T1、T2、T3 叶干物质量显著低于对照,分别为对照组的 61.4%、78.6%、80.6%,其中 T1 叶干物质量显著低于 T2、T3。

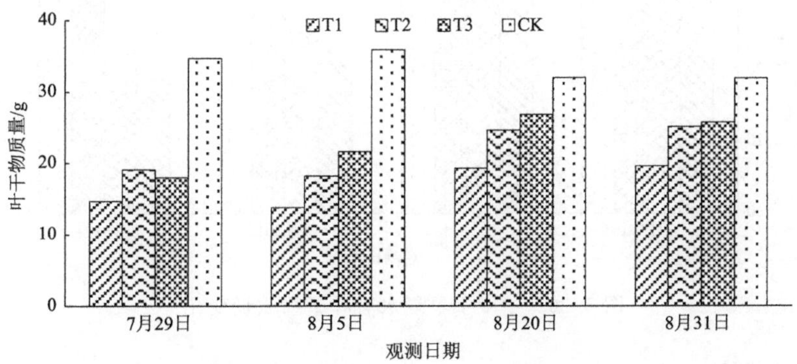

图 5.18 特重干旱复水后叶干物质量变化

(2)重度干旱复水

如图 5.19 所示,遭受重度干旱胁迫的棉田在 7 月 29 日(梯度复水前)时,T1、T2、T3 叶干物质量分别为 16.2 g、20.3 g、22.1 g,处理间无显著差异,均显著低于对照组。8 月 5 日梯度复水2 d后,T1、T2、T3 叶干物质量均低于对照组,分别为对照组的 49.9%、78.0%、84.4%,呈现出与复水量相同的梯度,且 T1 的叶干物质量显著低于 T2、T3。至 8 月 20 日,T1、T2、T3 叶干物质量分别为 22.6 g、27.3 g、31.6 g,其中 T1、T2 叶干物质量显著低于对照,且 T2 显著高于 T1,T3 略低于对照。至 8 月 31 日,T1 叶干物质量显著低于对照组,T2 低于对照 2.9 g、T3 高出对照 2.4 g,但差异均不显著。

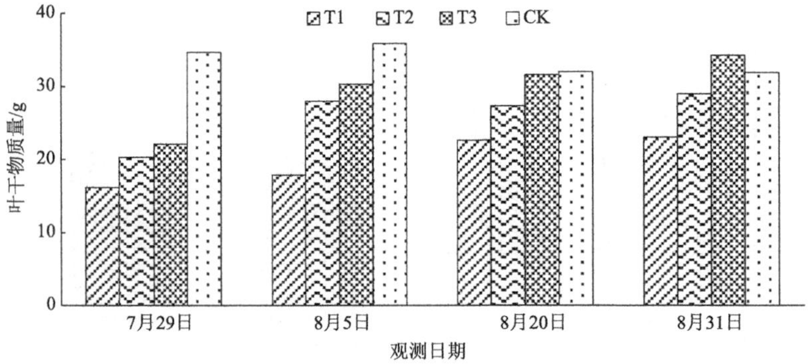

图 5.19　重度干旱复水后叶干物质量变化

(3)中度干旱复水

由图 5.20 所示,中度干旱情况下的棉田在 7 月 29 日(梯度复水前)时,T1、T2、T3 叶干物质量分别为 30.2 g、31.4 g、31.3 g,均低于对照组,但差异不显著。8 月 5 日梯度复水后,T1、T2、T3 叶干物质量与对照组无显著差异,略低于对照组。至 8 月 20 日,T1、T2、T3 叶干物质量分别为 23.1 g、26.3 g、27.8 g,其中,T1 显著低于对照组,为对照组的 72.2%;T2、T3 叶干物质量与对照组无显著性差异。至 8 月 31 日,T1、T2 叶干物质量显著低于对照组,分别为对照组的 58.9%、70.6%,T3 高出对照 0.4 g。

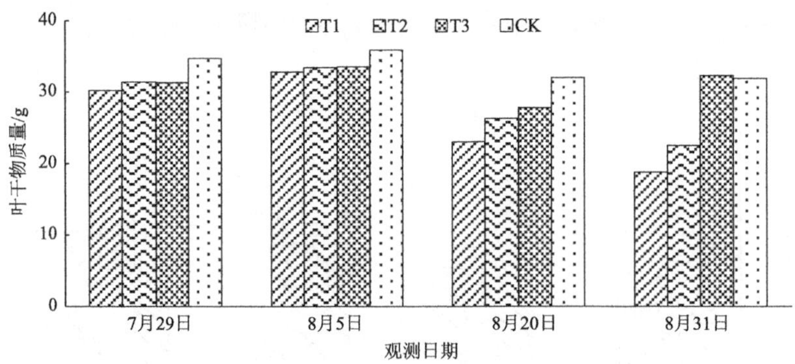

图 5.20　中度干旱复水后叶干物质量变化

(4)轻度干旱复水

如图 5.21 所示,轻度干旱胁迫下的棉田在 7 月 29 日(梯度复水前),T1、T2、T3 叶干物质量之间无显著差异，略低于对照组。8 月 5 日梯度复水 2 d 后，T1、T2、T3 叶干物质量较复水前呈上升趋势，与对照组之间无显著差异。8 月 20 日，T2、T3 叶干物质量均高于对照组，分别超出对照 10.8%、20.0%，T1 略低于对照。至 8 月 31 日，T1、T2、T3 叶干物质量均略低于对照组，与对照组之间差异不显著。

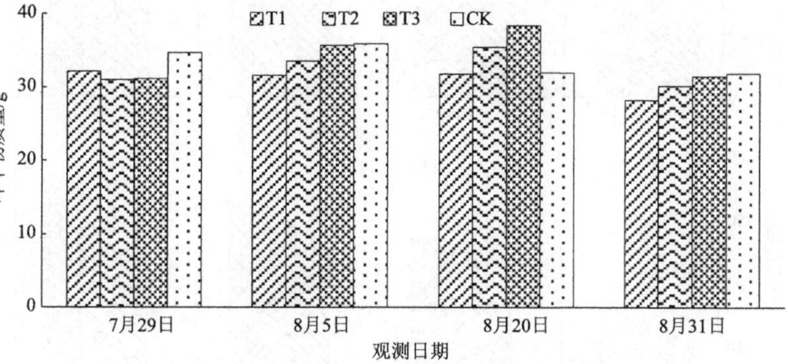

图 5.21　轻度干旱复水后叶干物质量变化

5.3.1.5　总干物质量变化

如图 5.22a 所示，特重干旱胁迫下的棉田 7 月 29 日时，T1、T2、T3 总干物质量分别为 62.0 g、84.6 g、73.2 g，均极显著低于对照。8 月 5 日梯度复水后，T1、T2、T3 总干物质量仍极显著低于对照，分别为对照组的 47.6%、52.8%、60.4%。至 8 月 20 日，T1 总干物质量极显著低于对照，为对照的 52.6%，T2、T3 总干物质量之间无显著差异，分别为131.5 g、130.6 g，分别为对照组的 78.9%和 78.4%，与对照组的差异减少。至 8 月 31 日，T1 总干物质量极显著低于对照，为对照的 51.3%，T2、T3 总干物质量分别为 148.6 g 和 166.3 g，均低于对照。

如图 5.22b 所示，7 月 29 日，重度干旱胁迫下的棉田的 T1、T2、T3 总干物质量分别为 74.0 g、72.5 g、85.5 g，显著低于对照。8 月 5 日梯度复水后，T1 总干物质量为 86.9 g，极显著低于对照组，显著低于 T2、T3，T2、T3 总干物质量之间差异不显著，分别为 125.8 g 和 136.1 g，显著低于对照组。至 8 月 20 日，T1、T2、T3 总干物质量持续增加，并呈现与灌溉量相同的梯度，但仍低于对照组，分别为对照组的 77.7%、89.0%和 97.8%。至 8 月 31 日，T1、T2 总干物质量仍显著低于对照组，T3 总干物质量与对照组无显著差异。

如图 5.22c 所示，7 月 29 日，中度干旱情况下，T1、T2、T3 总干物质量分别为 101.5 g、116.0 g、107.8 g，显著低于对照组。梯度复水 2 d 后，T1、T2、T3、CK 总干物质量分别为 146.5 g、152.9 g、151.3 g、154.4 g，各处理之间差异不显著。至 8 月 20 日，T1 总干物质量低于对照 1 g，T2、T3 总干物量略高于对照组。至 8 月 31 日，T1、T2 总干物质量分别为 176.5 g、187.1 g，略低于对照，T3 总干物质量高于对照组，超出 10.5 g。

如图 5.22d 所示，7 月 29 日，受到轻度干旱胁迫的棉田的 T1、T2、T3 之间总干物质量无显著差异，且与对照组也无显著差异。8 月 5 日梯度复水后，T1、T2、T3、CK 总干物质量分别为 140.0 g、147.62 g、146.6 g 和 154.4 g，处理间均无显著差异。到 8 月 29 日，T1、T2、T3 分别超出对照组 25.3%，27.5%，30.5%，显著高于对照。复水后 29 d 后，T1、T2、T3 总干物质量分别为 225.7 g、240.1 g、242.81 g，显著高于对照。

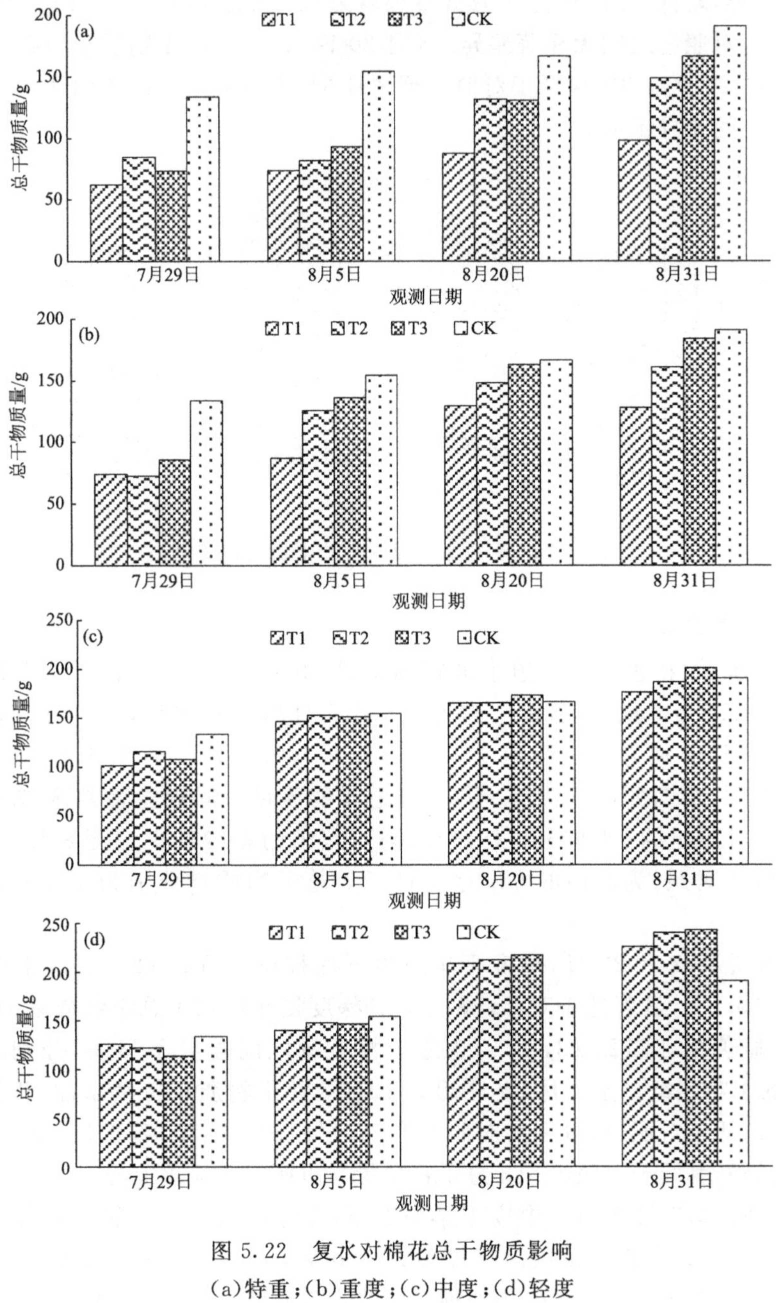

图 5.22　复水对棉花总干物质影响

(a)特重；(b)重度；(c)中度；(d)轻度

5.3.2　对棉花叶片含水率的影响

如图 5.23a 所示，特重干旱胁迫下的棉田在梯度复水前(7 月 29 日)，T1、T2、T3 叶片含水率之间无显著差异，但均极显著低于对照组，分别为对照组的 67.1%、68.1%和 68.9%。8 月 5 日梯度复水 2 d 后，T1、T2、T3 叶片含水率仍低于对照组，但较 7 月 29 日有较为明显的提升，分别提高了 7.8%、7.2%和 6.8%，其中 T1 的增长速度最快。至 8 月 20 日，T1、T2、T3 叶片含水率仍低于对照组，T1 叶片含水率为 69.8%、T2 叶片含水率为 71.6%、T3 叶片含水率为 72.1%，呈现出与灌水量相同的梯度。8 月 31 日，T1、T2、T3 叶片含水率显著低于对照组，呈现与复水量相同的梯度，分别为对照组的 85.0%，88.5%和 92.2%。

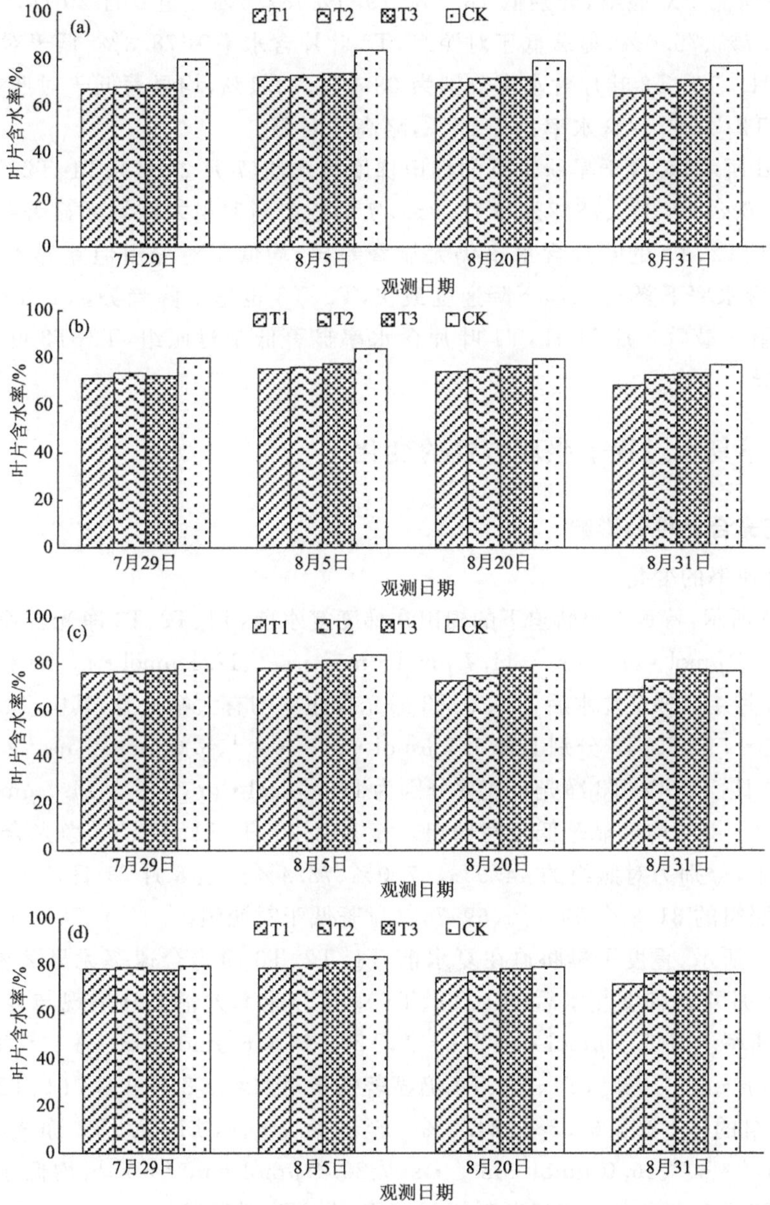

图 5.23　复水对叶片含水率的影响

(a)特重；(b)重度；(c)中度；(d)轻度

如图 5.23b 所示，重度干旱胁迫下的棉田在 7 月 29 日时，T1、T2、T3 叶片含水率无显著差异，分别为 71.4%、73.6%、72.5%，均显著低于对照组。8 月 5 日梯度复水后，T1、T2、T3 叶片含水率较 7 月 29 日分别增加了 5.5%、3.4%、6.9%，T1、T2、T3 叶片含水率无显著差异，均显著低于对照。至 8 月 20 日，叶片含水率呈现与复水量相同的梯度差异，仍低于对照。至 8 月 31 日，T1、T2、T3 叶片含水率分别为 68.5%、72.8%、73.5%，均显著低于对照。

如图 5.23c 所示，7 月 29 日（梯度复水前），中度干旱胁迫下，T1、T2、T3 叶片含水率之间无显著差异，分别为 76.4%、76.6%、77.2%，显著低于对照组。8 月 5 日梯度复水后，T1、T2、T3 叶片含水率均低于对照组，分别低 78.2%、79.5%、81.6%。至 8 月 20 日，T1、T2、叶片含水率分别为 72.7%、75.0%，显著低于对照组，T3 叶片含水率为 78.3%，低于对照但差异不显著。至 8 月 31 日，T1、T2 叶片含水率分别为 68.9%、73.1%，均显著低于对照，且 T1 叶片含水率显著低于 T2；T3 叶片含水率为 77.5%，略高于对照。

如图 5.23d 所示，轻度干旱胁迫下的棉田梯度复水前(7 月 29 日)，T1、T2、T3、CK 叶片含水率分别为 78.6%、79.3%、78.2%和 79.9%，实验组与对照组之间均无显著差异。8 月 5 日梯度复水后，T1、T2、T3 的叶片含水率仍无显著差异，均低于对照组但差异不显著。至 8 月 20 日，T1 叶片含水率下降 5.2%，下降速度最快，T2、T3 也呈下降趋势，T1、T2、T3 叶片含水率均低于对照组。最后 8 月 31 日，T1 叶片含水率显著低于对照组，T2、T3 叶片含水率与对照组无显著差异。

5.4 棉花干旱复水过程中生理特性的变化

5.4.1 对棉花光合特性的影响

(1)净光合速率的变化

如图 5.24a 所示，特重干旱胁迫下的棉田在梯度复水前，T1、T2、T3 净光合速率之间无显著差异，分别为 12.1 μmol · m^{-2} · s^{-1}、11.7 μmol · m^{-2} · s^{-1}、12.1 μmol · m^{-2} · s^{-1}，且均极显著低于对照组。8 月 4 日梯度复水后，T1、T、T3 净光合速率均有大幅上升，其中 T1 上升的最少为 1.8 μmol · m^{-2} · s^{-1}，T2、T3 分别上升 5.1 μmol · m^{-2} · s^{-1}、8.6 μmol · m^{-2} · s^{-1}，但仍低于对照组。8 月 9 日，T1、T2、T3 净光合速率分别为 12.7 μmol · m^{-2} · s^{-1}、14.7 μmol · m^{-2} · s^{-1}、17.9 μmol · m^{-2} · s^{-1}，均极显著低于对照组。至 8 月 20 日，T1、T2、T3 净光合速率与对照组之间的差异减小，分别为对照组的 44.9%、57.0%、73.4%。至 8 月 31 日，T1、T2、T3 净光合速率分别为对照组的 31.8%、59.7%、69.7%，显著低于对照组。

如图 5.24b 所示，重度干旱胁迫在复水前 T1、T2、T3 净光合速率无显著差异，且均极显著低于对照。8 月 4 日梯度复水后，T1、T2、T3 净光合速率大幅上升呈现与复水量相同的梯度，T1 净光合速率上升 5.5 μmol · m^{-2} · s^{-1}，T2 上升 8.6 μmol · m^{-2} · s^{-1}，T3 上升幅度最大，为 12.8 μmol · m^{-2} · s^{-1}，T1、T2、T3 仍显著低于对照组。8 月 9 日，T1、T2、T3 净光合速率分别为对照组的 57.8%、68.3%、84.0%。至 8 月 20 日，T1、T2、T3 净光合速率分别为 13.5 μmol · m^{-2} · s^{-1}、16.0 μmol · m^{-2} · s^{-1}、20.4 μmol · m^{-2} · s^{-1}，均低于对照组。至 8 月 31 日，T1、T2、T3 净光合速率显著低于对照组，分别为对照组的 34.6%、68.2%、82.6%。

如图 5.24c 所示，中度干旱胁迫下的棉田复水前，T1、T2、T3 净光合速率之间无显著差异，均极显著低于对照。8 月 4 日梯度复水后，T1、T2、T3 净光合速率显著增加，分别增加了 10.2 μmol · m^{-2} · s^{-1}、15.7 μmol · m^{-2} · s^{-1}和 14.7 μmol · m^{-2} · s^{-1}，但仍低于对照组。8 月 9 日，T1、T2、T3 净光合速率均大幅下降，分别下降了 30.0%、34.1%、32.9%，对照组净光合速率下降 21.1%。实验组下降幅度大于对照组。至 8 月 20 日，T1、T2、T3 净光合速率分别为 17.0 μmol · m^{-2} · s^{-1}、17.8 μmol · m^{-2} · s^{-1}、19.7 μmol · m^{-2} · s^{-1}，低于对照组。至 8 月 31 日，T1、T2、T3 净光合速率仍显著低于对照组，分别为对照组的 51.6%、69.2%、79.3%。

如图 5.24d 所示，受到轻度干旱胁迫后的棉田在复水前，T1、T2、T3 净光合速率分别为 24.9 μmol·m^{-2}·s^{-1}、26.6 μmol·m^{-2}·s^{-1}、27.3 μmol·m^{-2}·s^{-1}，低于对照组。8 月 4 日，梯度复水后，T1、T2、T3、CK 净光合速率均大幅上升，其中 T1 上升了 39.4%、T2 上升了 34.6%、T3 上升了 14.8%，对照组上升了 17.3%，T1、T2、T3 净光合速率均超过对照组。8 月 9 日，随着时间的延长，净光合速率下降，T1、T2、T3 净光合速率较 8 月 4 日分别下降了 39.8%、26.0%、24.1%，T1 净光合速率显著低于对照组，T2、T3 净光合速率与对照组之间无显著差异。8 月 20 日，T1、T2 净光合速率均显著低于对照组，T3 净光合速率高于对照组。至 8 月 31 日，T1、T2 净光合速率显著低于对照，分别为对照组的 59.0%、83.1%；T3 净光合速率高于对照组。

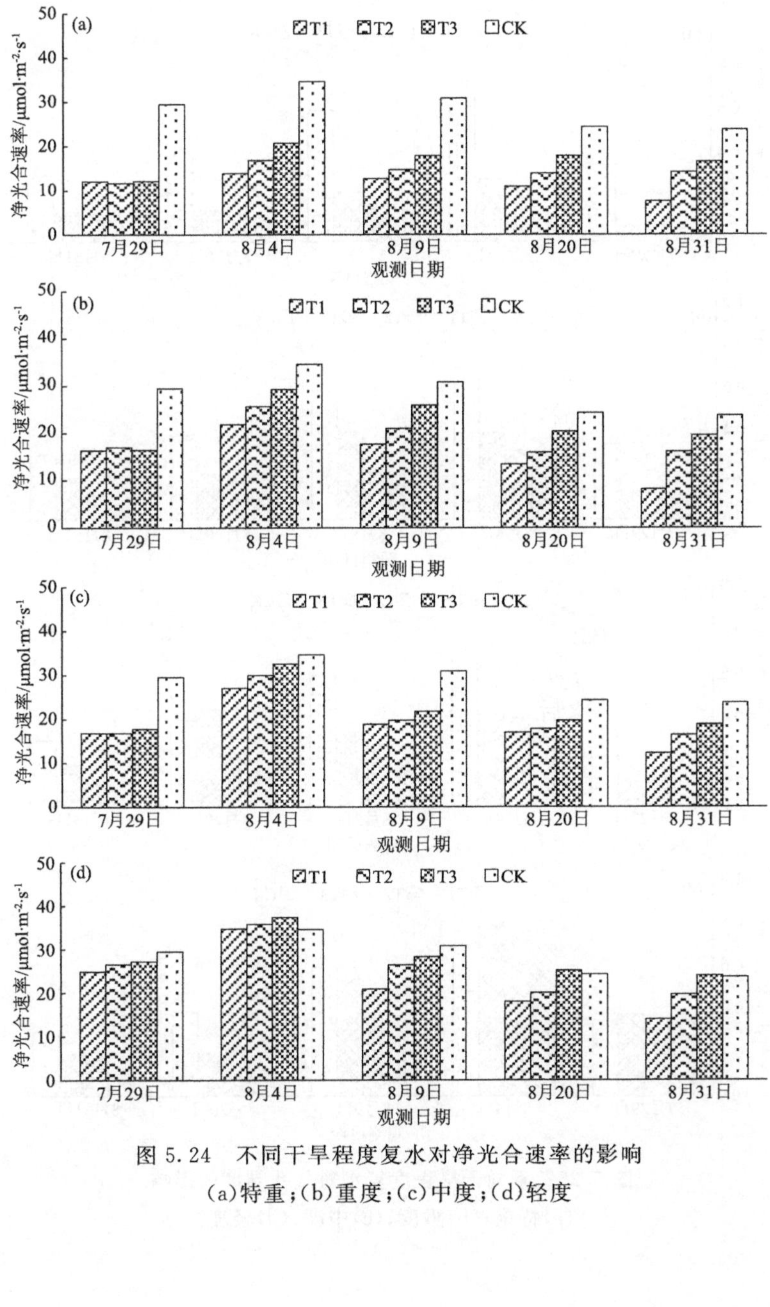

图 5.24　不同干旱程度复水对净光合速率的影响

(a)特重；(b)重度；(c)中度；(d)轻度

(2)气孔导度的变化

如图5.25a所示，特重干旱下的棉田在复水前，T1、T2、T3的气孔导度之间无显著差异，分别为0.06 $mol \cdot m^{-2} \cdot s^{-1}$、0.08 $mol \cdot m^{-2} \cdot s^{-1}$、0.07 $mol \cdot m^{-2} \cdot s^{-1}$，均极显著低于对照组。8月4日梯度复水后，T1、T2、T3的气孔导度显著增加，较7月29日分别增加了0.07 $mol \cdot m^{-2} \cdot s^{-1}$、0.12 $mol \cdot m^{-2} \cdot s^{-1}$、0.21 $mol \cdot m^{-2} \cdot s^{-1}$，复水量越大，气孔导度增加的幅度越大。但三种处理气孔导度仍极显著低于对照组。8月9日，T1、T2、T3气孔导度分别为对照组的17.8%、28.6%、37.0%，极显著低于对照组。至8月20日，T1、T2、T3气孔导度之间差异不显著，分别为0.108 $mol \cdot m^{-2} \cdot s^{-1}$、0.128 $mol \cdot m^{-2} \cdot s^{-1}$、0.142 $mol \cdot m^{-2} \cdot s^{-1}$，极显著低于对照组。至8月31日，T1、T2、T3气孔导度之间无显著差异，均极显著低于对照组。

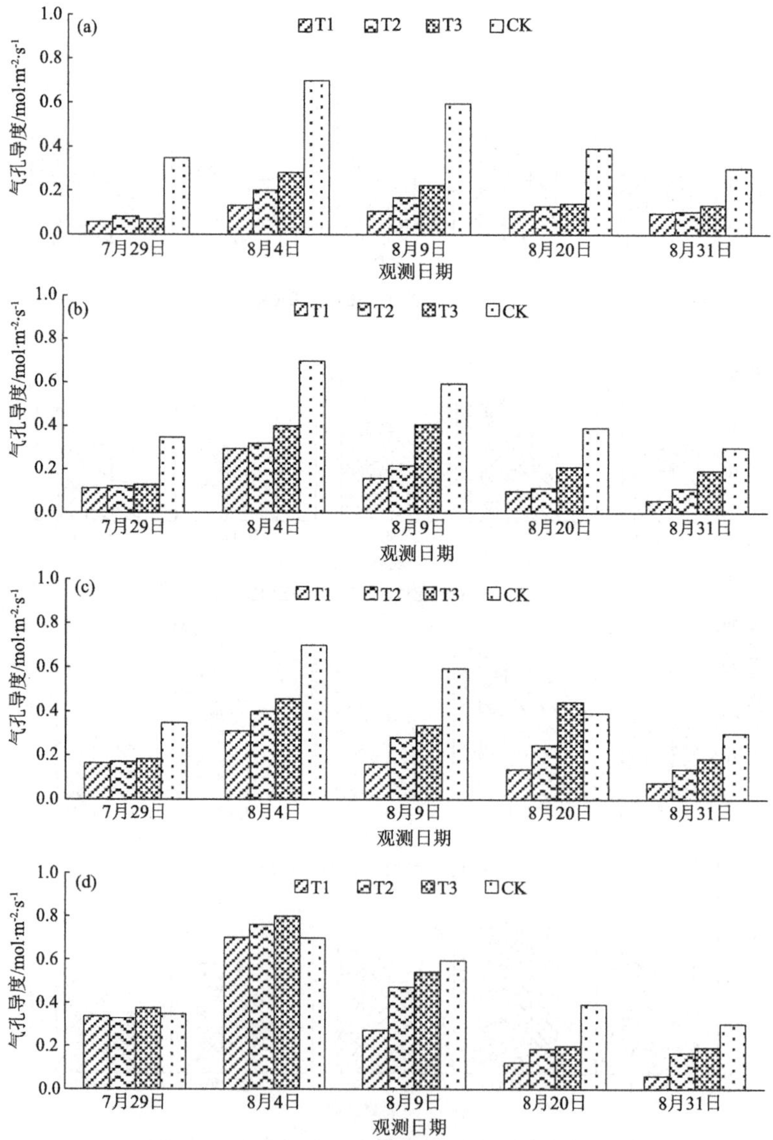

图5.25　不同干旱程度复水对气孔导度的影响

(a)特重；(b)重度；(c)中度；(d)轻度

如图5.25b所示，重度干旱的棉田复水前，T1、T2、T3气孔导度之间无显著差异，分别为0.11、0.12、0.13 $mol \cdot m^{-2} \cdot s^{-1}$，均极显著低于对照。8月4日梯度复水后，T1、T2、T3气孔导度开始出现梯度差异，较7月29日分别增加了0.18 $mol \cdot m^{-2} \cdot s^{-1}$、0.20 $mol \cdot m^{-2} \cdot s^{-1}$、0.27 $mol \cdot m^{-2} \cdot s^{-1}$，仍极显著低于对照组，到8月9日，T1、T2、T3气孔导度差异显著，其中，T1气孔导度最小，为对照组的26.8%，其次是T2，为对照组的37.0%，T3对照组的69.0%。至8月20日，T1、T2、T3气孔导度分别为0.10 $mol \cdot m^{-2} \cdot s^{-1}$、0.11 $mol \cdot m^{-2} \cdot s^{-1}$、0.21 $mol \cdot m^{-2} \cdot s^{-1}$，显著低于对照组。至8月31日，T1、T2、T3仍呈现出与复水量相同的梯度，其中T1为对照组的18.9%，T2为对照组的36.5%、T3为对照组的63.1%。

如图5.25c所示，中度干旱胁迫下的T1、T2、T3气孔导度之间无显著差异，分别为0.17 $mol \cdot m^{-2} \cdot s^{-1}$、0.17 $mol \cdot m^{-2} \cdot s^{-1}$、0.18 $mol \cdot m^{-2} \cdot s^{-1}$，均显著低于对照组。8月4日梯度复水后，T1、T2、T3气孔导度均大幅上升，分别上升了0.14 $mol \cdot m^{-2} \cdot s^{-1}$、0.23 $mol \cdot m^{-2} \cdot s^{-1}$、0.28 $mol \cdot m^{-2} \cdot s^{-1}$，对照组上升幅度更大，增加了0.35 $mol \cdot m^{-2} \cdot s^{-1}$。到8月9日，气孔导度显著下降，其中T1下降了48.4%、T2下降了29.3%、T3下降了26.1%。8月20日，T1、T2气孔导度分别为0.14 $mol \cdot m^{-2} \cdot s^{-1}$、0.25 $mol \cdot m^{-2} \cdot s^{-1}$，显著低于对照组；T3气孔导度为0.44 $mol \cdot m^{-2} \cdot s^{-1}$，高于对照组。至8月31日，T1、T2、T3的气孔导度显著低于对照组，分别为对照组的25.2%、45.5%、61.5%。

如图5.25d所示，轻度干旱胁迫下的T1、T2、T3气孔导度分别为0.34 $mol \cdot m^{-2} \cdot s^{-1}$、0.33 $mol \cdot m^{-2} \cdot s^{-1}$、0.38 $mol \cdot m^{-2} \cdot s^{-1}$，均与对照组无显著差异。8月4日梯度复水后，T1、T2、T3气孔导度大幅度上升且均大于对照组，其中，T1气孔导度增加了0.36 $mol \cdot m^{-2} \cdot s^{-1}$，T2增加了0.43 $mol \cdot m^{-2} \cdot s^{-1}$，T3增加了0.43 $mol \cdot m^{-2} \cdot s^{-1}$。到8月9日，T1气孔导度下降幅度最大，下降了61.1%。T2、T3气孔导度分别下降了37.8%和32.4%。8月20日，T1、T2、T3气孔导度无显著差异，均显著低于对照组。至8月31日，T1气孔导度极显著低于对照组，为对照组的20.3%，T2、T3分别为0.17 $mol \cdot m^{-2} \cdot s^{-1}$、0.19 $mol \cdot m^{-2} \cdot s^{-1}$，显著低于对照组。

(3)蒸腾速率的变化

如图5.26a所示，特重干旱胁迫下的棉田在复水前T1、T2、T3蒸腾速率无显著差异，且均极显著低于对照组。8月4日梯度复水后，T1、T2、T3蒸腾速率均大幅上升，分别增加了1.75 $mmol \cdot m^{-2} \cdot s^{-1}$、3.10 $mmol \cdot m^{-2} \cdot s^{-1}$、3.66 $mmol \cdot m^{-2} \cdot s^{-1}$，对照组蒸腾速率增加4.62 $mmol \cdot m^{-2} \cdot s^{-1}$，实验组增长量小于对照组。8月9日，T1、T2、T3蒸腾速率大幅下降，分别为4.10 $mmol \cdot m^{-2} \cdot s^{-1}$、4.33 $mmol \cdot m^{-2} \cdot s^{-1}$、5.26 $mmol \cdot m^{-2} \cdot s^{-1}$，均显著低于对照组。8月20日，T1、T2、T3蒸腾速率持续下降，均低于对照；其中，T1、T2显著低于对照组，T3与对照组无显著差异。至8月31日，T1、T2、T3蒸腾速率较8月20日呈现上升趋势，但仍低于对照组，分别为对照组的47.3%、62.4%、83.6%。

如图5.26b所示，重度干旱情况下的棉田在梯度复水前，T1、T2、T3蒸腾速率分别为2.60 $mmol \cdot m^{-2} \cdot s^{-1}$、2.80 $mmol \cdot m^{-2} \cdot s^{-1}$、3.00 $mmol \cdot m^{-2} \cdot s^{-1}$，均显著低于对照组。8月4日梯度复水后，T1、T2、T3蒸腾速率大幅度上升，但仍低于对照组，分别增长了2.90 $mmol \cdot m^{-2} \cdot s^{-1}$、3.70 $mmol \cdot m^{-2} \cdot s^{-1}$、4.50 $mmol \cdot m^{-2} \cdot s^{-1}$，低于对照组的增长速率。到8月9日，T1、T2、T3蒸腾速率均低于对照组，分别为对照组的52.1%、64.2%、88.2%。8月20日，T1、T2蒸腾速率分别为对照组的58.9%、81.4%，T3蒸腾速率高于对照

组，且高出对照 0.47 mmol · m^{-2} · s^{-1}。至 8 月 31 日，T1、T2、T3、CK 的蒸腾速率之间均呈显著差异，且 T1、T2、T3 蒸腾速率均低于对照组。

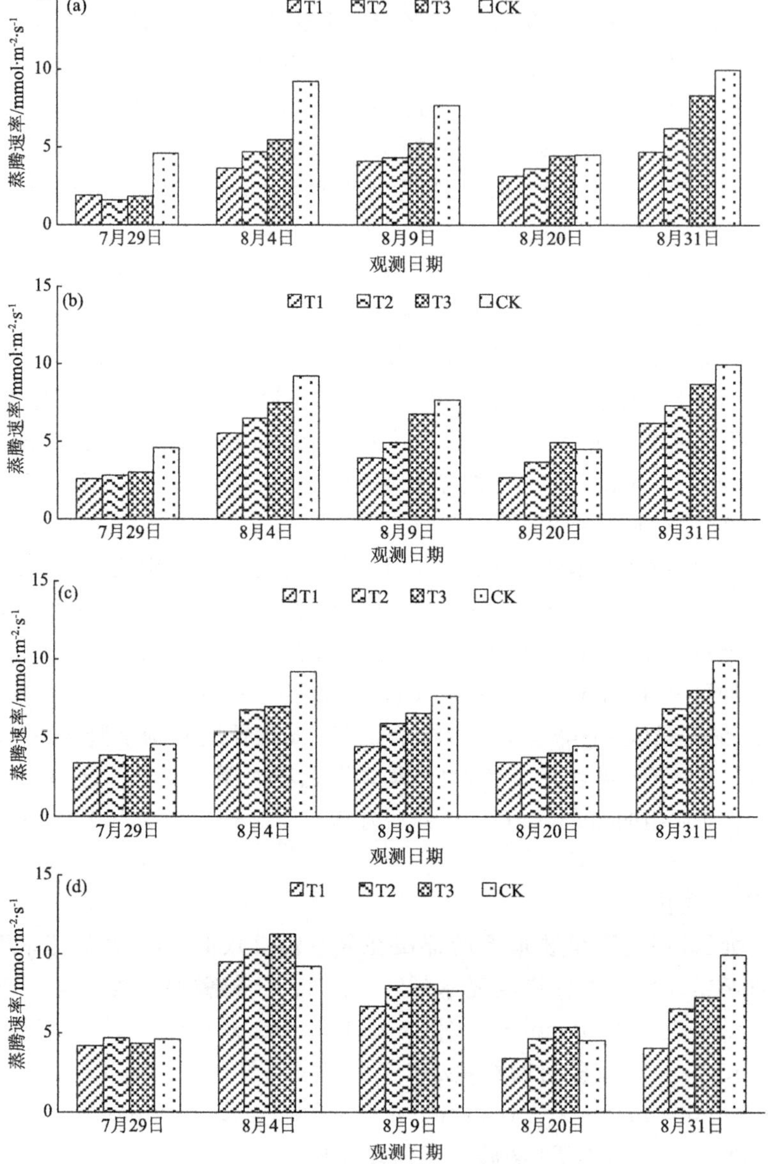

图 5.26　不同干旱程度复水对蒸腾速率的影响

(a)特重；(b)重度；(c)中度；(d)轻度

如图 5.26c 所示，中度干旱下，T1、T2、T3 蒸腾速率均低于对照组，但与对照组差异不显著，8 月 4 日梯度复水后，T1、T2、T3 分别增加了 2.00 mmol · m^{-2} · s^{-1}、2.90 mmol · m^{-2} · s^{-1}、3.21 mmol · m^{-2} · s^{-1}，均显著低于对照。8 月 9 日，T1、T2、T3 蒸腾速率大幅下降，较 8 月 4 日分别降低 16.7%、23.5%、5.8%。三种处理蒸腾速率均低于对照组。至 8 月 20 日，T1、T2、T3 蒸腾速率与对照组之间无显著差异。至 8 月 31 日，T1、T2、T3 蒸腾速率仍低于对照组，分别为对照组的 57.3%、69.3%、81.4%。

如图 5.26d 所示，轻度干旱胁迫下的棉田在复水前 T1、T2、T3 蒸腾速率分别为 4.20 $mmol \cdot m^{-2} \cdot s^{-1}$、4.68 $mmol \cdot m^{-2} \cdot s^{-1}$、4.33 $mmol \cdot m^{-2} \cdot s^{-1}$，与对照组无显著差异。8 月 4 日梯度复水后，蒸腾速率大幅上升，其中，T1、T2、T3 蒸腾速率分别为 9.50 $mmol \cdot m^{-2} \cdot s^{-1}$、10.29 $mmol \cdot m^{-2} \cdot s^{-1}$、11.25 $mmol \cdot m^{-2} \cdot s^{-1}$，均高于对照组。到 8 月 9 日，T1 蒸腾速率显著低于对照组，为对照组的 87.2%，T2、T3 蒸腾速率高于对照组，分别超出对照 0.31 $mmol \cdot m^{-2} \cdot s^{-1}$、0.42 $mmol \cdot m^{-2} \cdot s^{-1}$。8 月 20 日，蒸腾速率持续降低，T1 蒸腾速率显著低于对照，T2、T3 蒸腾速率高于对照组。至 8 月 31 日，T1、T2、T3 蒸腾速率均低于对照组，分别为对照的 40.8%、66.3%、73.4%。

5.4.2　对棉花荧光特性的影响

如图 5.27a 所示，特重干旱情况下的棉田复水前 T1、T2、T3 初始荧光产量与对照组无显著差异，且均大于对照组。8 月 4 日梯度复水后，T1、T2、T3 初始荧光产量分别为 248.3、242.0、223.0，较 7 月 29 分别下降了 9.9、15.5、36.2。8 月 9 日，T1、T2、T3 初始荧光产量较 8 月 4 日有大幅提升，分别增加了 47.4%、45.5%、51.1%。至 8 月 20 日，初始荧光产量持续上升，T1、T2、T3 初始荧光分别为 378、362、341，仍高于对照组。8 月 31 日，初始荧光仍有小幅度上升，T1、T2、T3 初始荧光产量均显著高于对照组。

如图 5.27b 所示，重度干旱胁迫下的棉田复水前 T1、T2、T3 初始荧光产量之间无显著差异，分别为 241.8、243.7、241.5，与对照组之间也无显著差异。8 月 4 日梯度复水后，初始荧光产量变化不大，呈现小幅度下降，较 7 月 29 分别下降了 2.8、8.7、12.0。8 月 9 日，T1、T2、T3、CK 初始荧光产量均呈大幅度增长，分别增长了 47.1%、28.2%、28.5%和 27.8%，T1、T2、T3 增加幅度均大于对照组。至 8 月 20 日，T1、T2、T3 初始荧光产量仍保持上升趋势，分别为 368.0、319.7、309.7，分别超出对照 23.5%、7.3%、3.9%。至 8 月 31 日，T1 初始荧光产量为 376.9，显著高于对照组，T2、T3 初始荧光产量分别为 325.5、314.0，与对照组无显著差异。

如图 5.27c 所示，中度干旱胁迫下，T1、T2、T3 初始荧光产量分别为 239.8、239.0、239.8，对照组初始荧光产量为 237.6，各处理之间均无显著差异。8 月 4 日梯度复水后，T1、T2、T3 初始荧光产量分别为 233.5、231、228，略高于对照组，较复水前有小幅度下降。8 月 9 日，T1、T2、T3 初始荧光产量出现最大幅度的上升，较 8 月 4 日分别增加了 95.5、72.0、46.8；其中，T1、T2 初始荧光产量显著高于对照组，T3 初始荧光产量略低于对照组。至 8 月 20 日，初始荧光产量仍小幅度上升，T1、T2、T3 初始荧光产量均高于对照组，分别超出对照组 14.8%、5.0%、4.0%。至 8 月 31 日，T1 初始荧光产量显著高于对照组，T2、T3 初始荧光产量略低于对照组。

如图 5.27d 所示，轻度干旱胁迫下 T1、T2、T3 初始荧光产量分别为 233.0、232.0、233.0，与对照组无显著差异。8 月 4 日梯度复水后，T1、T2、T3 初始荧光产量之间无显著差异，较 7 月 29 日略微下降，分别为 231.0、228.5、226.0，对照组初始荧光产量为 219.0，各处理之间均无显著差异。8 月 9 日，初始荧光产量大幅上升，T1、T2 初始荧光产量显著高于对照组，T3 初始荧光产量低于对照组。至 8 月 20 日，初始荧光产量仍缓慢上升，其中，T1 初始荧光产量显著高于对照组，高出对照组 13.2%，T2、T3 初始荧光产量与对照组之间差异不显著。至 8 月 31 日，T1 初始荧光产量显著高于对照组，高出对照 8.5%；T2 初始荧光产量与对照组无显著差异，为 314.8；T3 初始荧光产量为 291.3，显著低于对照组。

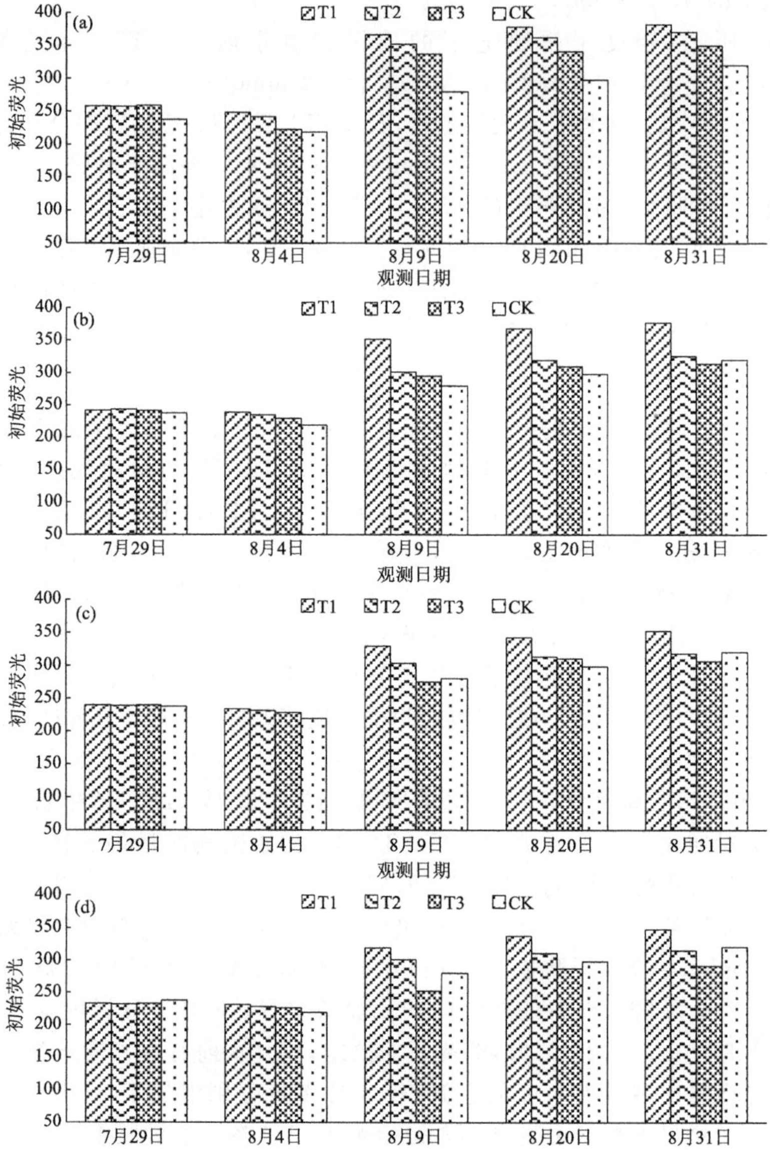

图 5.27　不同干旱程度复水对棉花初始荧光的影响

(a)特重;(b)重度;(c)中度;(d)轻度

如图 5.28a 所示,特重干旱下 T1、T2、T3 最大荧光产量分别为 811.5、835.5、840.2,T1、T2、T3 之间无显著差异,均极显著低于对照组。8 月 4 日梯度复水后,T1、T2、T3 最大荧光产量较 7 月 29 日有较大幅度的提升,分别提高了 35.7%、41.0%、44.8%。8 月 9 日,最大荧光产量开始呈现下降趋势,T1、T2、T3 的最大荧光产量较 8 月 4 日分别下降了 245.8、259、200,仍显著低于对照组。8 月 20 日,T1、T2、T3 最大荧光产量仍呈现下降趋势,T1、T2、T3 最大荧光产量分别为 656.3、760.5、874.0,显著低于对照组。至 8 月 31 日,T1、T2、T3 最大荧光产量之间无显著差异,分别为对照组的 60.2%、67.5%、70.9%。

如图 5.28b 所示,重度干旱胁迫下的棉田在梯度复水前,T1、T2、T3 最大荧光产量之间无显著差异，分别为 990.0、990.5、1000.3，显著低于对照组。8 月 4 日梯度复水后，各处理最大荧光产量出现了最大幅度的上升，其中 T1 上升了 133、T2 上升了 216.3、T3 上升了 273.7。复水量越多，最大荧光产量上升幅度越大。到 8 月 9 日，T1、T2、T3 最大荧光产量呈下降趋势，且均显著低于对照组，分别为对照组的 76.7%、85.2%、94.8%。至 8 月 20 日，最大荧光产量继续下降，T1、T2 最大荧光产量低于对照组，T3 最大荧光产量高出对照组 43.3。至 8 月 31 日，T1、T2、T3 最大荧光产量仍低于对照组，分别为对照的 72.1%、80.8%、93.3%。

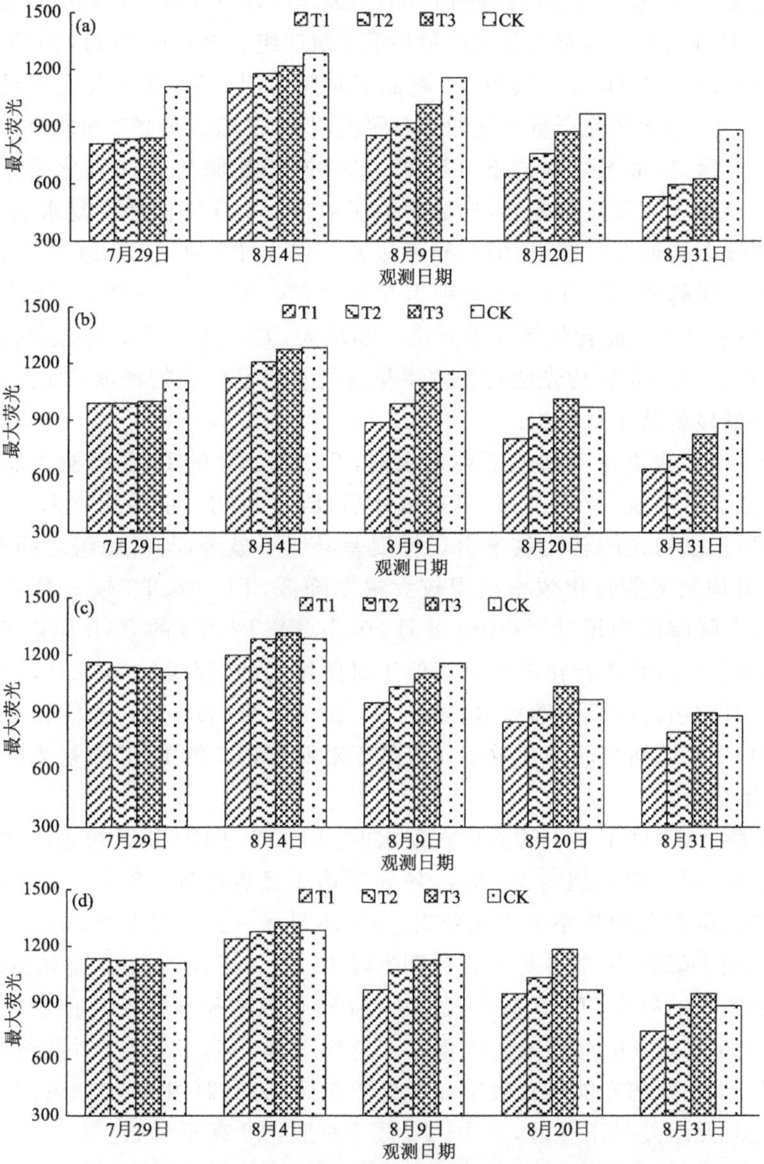

图 5.28　不同干旱程度复水对棉花最大荧光产量的影响

(a)特重；(b)重度；(c)中度；(d)轻度

如图 5.28c 所示，中度干旱的情况下 T1、T2、T3 最大荧光产量之间差异不显著，分别为 1164.0、1136.0、1132.8，与对照组之间也无显著差异。8 月 4 日，经过复水后，最大荧光产量出现小幅度的上升，T1、T2、T3 与对照组之间差异不显著。到 8 月 9 日，T1、T2、T3 最大荧光产量之间差异显现，分别为 951.8、1035.0、1103.0，低于对照组；8 月 20 日，T1、T2、T3 最大荧光产量仍有小幅度下降，较 9 日分别下降了 10.5%、12.9%、6.1%。至 8 月 31 日，T1、T2 最大荧光产量显著低于对照组，T3 最大荧光产量与对照组之间差异不显著。

如图 5.28d 所示，受到轻度干旱胁迫的 T1、T2、T3、CK 最大荧光产量分别为 1134.5、1126.2、1132.0、1110.3，各处理之间差异不显著。8 月 4 日梯度复水后，T1、T2、T3 最大荧光产量出现最大幅度上升，较 7 月 29 日分别上升了 103.5、149.8、194。8 月 9 日，最大荧光产量开始呈现下降趋势，且 T1、T2、T3 最大荧光产量均低于对照组。至 8 月 20 日，T1、T2、T3 最大荧光产量分别为 947.5、1034.0、1183.3，其中 T1 略低于对照组，T2、T3 最大荧光产量显著高于对照组。至 8 月 31 日，T1 最大荧光产量显著低于对照组，T2、T3 最大荧光产量均高于对照组。

如图 5.29a 所示，特重干旱胁迫下 T1、T2、T3 的 PSⅡ原初光能转化效率分别为 68%、69%、69%，三种处理之间无显著差异，均显著低于对照。8 月 4 日梯度复水后，T1、T2、T3PSⅡ原初光能转化效率均低于对照组，但差异不显著。到 8 月 9 日，PSⅡ原初光能转化效率较 8 月 4 日整体呈现下降趋势，T1、T2、T3 分别为 57%、62%、67%，显著低于对照组。8 月 20 日，T1、T2、T3 的 PSⅡ原初光能转化效率差异进一步增大，T1<T2<T3，均显著低于对照组。至 8 月 31 日，T1、T2、T3PSⅡ原初光能转化效率呈现与复水量相同的梯度，T1、T2、T3PSⅡ原初光能转化效率均极显著低于对照组。

如图 5.29b 所示，重度干旱胁迫下在复水前，T1、T2、T3 的 PSⅡ原初光能转化效率之间无显著差异，略低于对照组。8 月 4 日，梯度复水后，PSⅡ原初光能转化效率出现小幅度上升，T1、T2、T3 的 PSⅡ原初光能转化效率出现梯度差异但不显著，与对照组之间差异也不显著。至 8 月 9 日，PSⅡ原初光能转化效率出现较大幅度降低，T1、T2、T3 较 8 月 4 日分别下降了 19%、12%、9%，下降幅度均超过对照组。8 月 20 日，T1、T2、T3 的 PSⅡ原初光能转化效率继续下降，T1 的 PSⅡ原初光能转化效率显著低于对照组，为对照组的 78.2%，T2、T3PSⅡ原初光能转化效率与对照组之间无显著差异。8 月 31 日，T1 的 PSⅡ原初光能转化效率极显著低于对照组，T2 的 PSⅡ原初光能转化效率显著低于对照组，T3 的 PSⅡ原初光能转化效率略低于对照组，差异不显著。

如图 5.29c 所示，中度干旱下的棉田在复水前，T1、T2、T3PSⅡ原初光能转化效率分别为 79.4%、79.0%、78.8%，对照组为 78.6%，各处理均无显著差异。8 月 4 日梯度复水后，T1、T2、T3PSⅡ原初光能转化效率略低于对照组，差异不显著。到 8 月 9 日，T1、T2、T3PSⅡ原初光能转化效率出现下降趋势，较 8 月 4 日分别下降 15%、11%、8%，复水量越少的处理 PSⅡ原初光能转化效率下降的越大，T1、T2PSⅡ原初光能转化效率显著低于对照组，T3 与对照组差异不显著。8 月 20 日，PSⅡ原初光能转化效率持续下降，T1、T2 低于对照组，T3 高于对照。至 8 月 31 日，T1PSⅡ原初光能转化效率显著低于对照，为对照组的 79.3%；T2、T3PSⅡ原初光能转化效率与对照组差异不显著，其中，T2 低于对照，T3 高于对照。

如图 5.29d 所示，轻度干旱下 T1、T2、T3PSⅡ原初光能转化效率之间差异不显著，分别为 79.5%、79.4%、79.4%，均略高于对照组。8 月 4 日梯度复水后，T1、T2、T3PSⅡ原初光能转化效率较 7 月 29 日有小幅度的提升，分别增加了 2%、3%、4%，涨幅与复水量成正比，仍与对照无显著差异。到 8 月 9 日，T1、T2、T3PSⅡ原初光能转化效率出现最大幅度的下降，较 4 日分别下降了 14%、10%、5%；其中，T1、T2PSⅡ原初光能转化效率低于对照，T2、T3 高于对照组。8

月 20 日，T1PSⅡ原初光能转化效率低于对照，为对照组的 93.1%，T2、T3 略高于对照组。至 8 月 31 日，PSⅡ原初光能转化效率继续下降，T1 显著低于对照组，T2、T3 高于对照组。

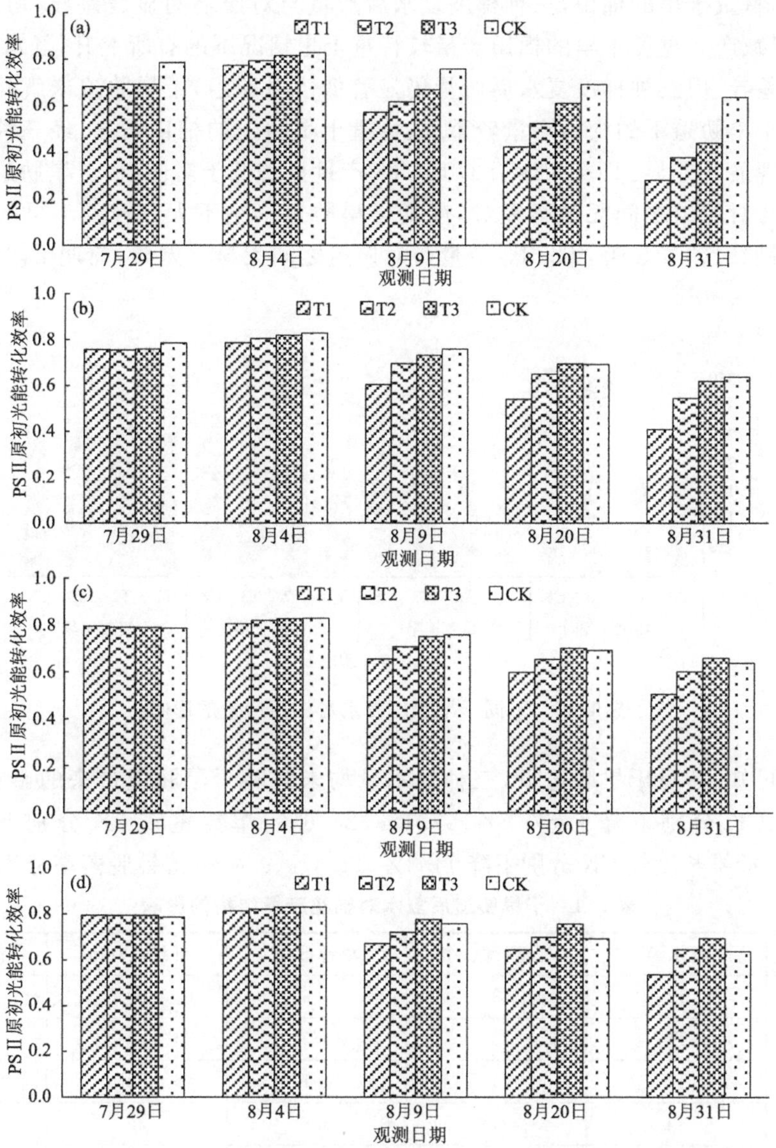

图 5.29　不同干旱程度复水对棉花 PSⅡ原初光能转化效率的影响

(a)特重；(b)重度；(c)中度；(d)轻度

5.5　棉花干旱复水过程对棉花产量的影响

特重干旱胁迫下的棉田经复水后，T1、T2、T3 棉田产量呈现与复水量相同的梯度，T1＜T2＜T3，均显著低于对照组，分别为对照组的 60.6%、63.2%、64.5%。重度干旱下的棉田经复水后，T1、T2、T3 仍呈现与复水量相同的梯度，分别低于对照组 6.1 kg、5 kg、4 kg。中度干旱下的棉田经复水后，各处理实验产量仍低于对照组，但各处理棉田产量与对照组差距减小，产量分别为对照组的 73.5%、85.2%、90.3%。轻度干旱的棉田经复水后，T2、T3 产量与对照组均无显著差异，T1 显著低于对照。

总体来看，特重干旱的棉田，三种梯度复水后产量与对照之间显著差异，均未能解除干旱胁迫，造成棉田减产。重度干旱的棉田产量较特重干旱情况下的有所上升，复水后 T1、T2、T3 处理之间出现差异，但三种梯度复水后产量仍显著低于对照组，干旱胁迫未解除，干旱造成棉田减产。中度干旱胁迫下的棉田产量较重度、特重干旱胁迫的棉田增多，经三种梯度复水后，各处理产量出现显著差异：T1<T2<T3，T1、T2 产量显著低于对照组，干旱胁迫未解除，棉田减产；T3 产量与对照组之间无显著差异，前期干旱胁迫影响不大。轻度干旱的棉田复水后，T1 的产量与对照组差异显著，T2、T3 产量与对照组之间无显著差异，前期干旱对产量的影响不大(图 5.30)。

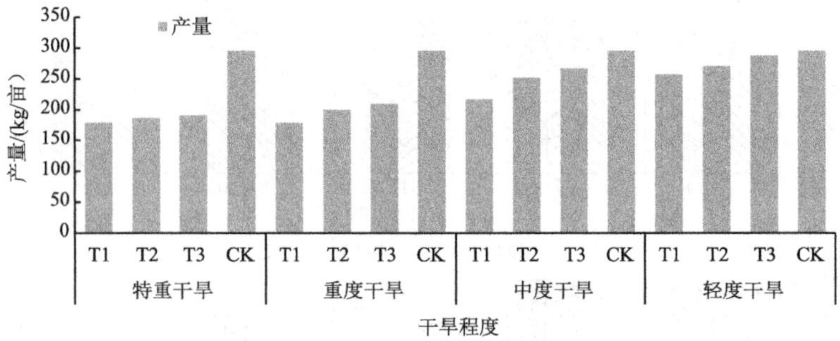

图 5.30　不同干旱程度复水对棉田产量的影响

由表 5.1 可知，特重干旱胁迫下，三种复水量均未解除干旱胁迫带来的影响，T1、T2、T3 的株蕾铃数较 CK 分别下降了 57.1%、57.1%、28.6%；单铃重较 CK 分别下降了 42.9%、28.6%、34.9%；纤维长度较 CK 分别下降 14.3%、14.3%、9.4%；蕾铃脱落率分别增加 10.9%、

表 5.1　干旱胁迫后复水对棉花产量结构的影响

干旱程度	复水量	株蕾铃数/个	单铃重/g	纤维长/mm	蕾铃脱落率/%
特重干旱	T1	3	3.6	30	85.00
	T2	3	4.5	30	85.00
	T3	5	4.1	32	80.77
重度干旱	T1	4	4.8	29	81.82
	T2	4	4.5	31	83.33
	T3	5	5.1	32	78.26
中度干旱	T1	4	5.4	32	85.19
	T2	5	5.5	33	84.38
	T3	6	6.3	33	76.00
轻度干旱	T1	6	4.7	30	77.78
	T2	6	4.7	30	80.65
	T3	6	5.5	30	76.00
无旱	CK	7	6.3	35	74.07

10.9%、6.7%。重度干旱下三种复水量未解除干旱胁迫，T1、T2、T3 的株蕾铃数分别下降了 42.9%、42.9%、28.6%；单铃重分别下降 23.8%、28.6%、19.0%；纤维长度分别下降 17.1%、11.4%、8.6%；蕾铃脱落率分别增加 7.3%、9.3%、4.2%。中度干旱胁迫下的 T1、T2、T3 的株蕾铃数分别下降了 42.9%、28.6%、14.3%；T2、T3 单铃重下降了 14.3%、12.7%，T3 单铃重与对照持平；纤维长度分别下降了 8.6%、5.7%、5.7%；蕾铃脱落率分别增加了 11.1%、10.3%、1.9%。轻度干旱的 T1、T2、T3 的株蕾铃数均下降了 14.3%；单铃重分别下降 25.4%、25.4%、12.7%；纤维长度均下降了 14.3%；蕾铃脱落率分别上升了 3.7%、6.6%、1.9%。

5.6　棉花干旱解除等级

5.6.1　棉花干旱复水敏感性等级

统计分析了土壤相对湿度、形态特征、光合生理特征与产量之间的相关关系，根据差异显著性分析各指标的敏感性顺序。从棉花形态特征指标看，干旱胁迫后复水对株高的影响＞干物质量＞叶片含水率。从光合生理特征指标看，对光合速率的影响＞荧光特性。从产量构成特征看，对蕾铃脱落率的影响＞纤维长度＞单铃重＞最终产量＞株蕾铃数。

5.6.2　基于棉花叶片形态的干旱致灾解除等级

棉花遭受干旱后，叶片先于其他器官反映出受旱症状，在土壤相对湿度达到不同干旱等级时观测叶片形态指标，以此作为棉花干旱形态特征指标，不同干旱等级下棉花形态特征见表 5.2。依据果枝台数将棉花植株分为上、中、下三部分，其中子叶节至第 2 台果枝为下部，第 3 至 5 台果枝为中部，第 6 台果枝及以上部分为上部。图 5.31 为重度干旱胁迫后复水 50%的叶片形态变化过程。

表 5.2　基于棉花叶片形态特征的干旱致灾解除等级

干旱等级	干旱类型	棉花干旱形态特征
0	无旱	全株叶片舒展，叶面平滑无折痕。
1	轻旱	上部叶片舒展；中下部叶片变软，白天萎蔫下垂，叶面宽度为舒展时的 3/4，夜间可以恢复。
2	中旱	上部叶片变软，白天萎蔫下垂，叶面宽度为舒展时的 3/4，夜间可以恢复；中下部叶片变软，白天萎蔫下垂，叶面宽度为舒展时的 2/3，且夜间不可恢复；下部部分叶片干缩、脱落。
3	重旱	上部叶片变软，白天萎蔫下垂，叶面宽度为舒展时的 2/3，且夜间不能恢复；中部叶片变软，白天萎蔫下垂，叶面宽度为舒展时的 1/3，且夜间不能恢复；下部叶片干缩、脱落。
4	特旱	全株 80%的叶片变软、白天萎蔫下垂，无平展叶面，且夜间不可恢复；中下部叶片干缩、脱落。

5.6.3　基于土壤相对湿度的干旱复水等级

基于棉花干旱复水模拟试验，观测花铃期棉田受旱复水后植株形态、生理、产量特征变化，并与未进行干旱复水的进行对比分析。研究结果表明，复水后产量的增加率(与未复水棉田相比)可较好地反映不同的复水程度、复水后解除土壤干旱的程度对棉花产量的影响(图 5.32)，且简单易测，不同程度(无旱、轻旱、中旱、重旱、特旱 5 个等级)棉田干旱复水，其对应的复水灌溉量和产量增加率指标见表 5.3。

[彩]图 5.31　50%灌溉量复水后叶片状态变化

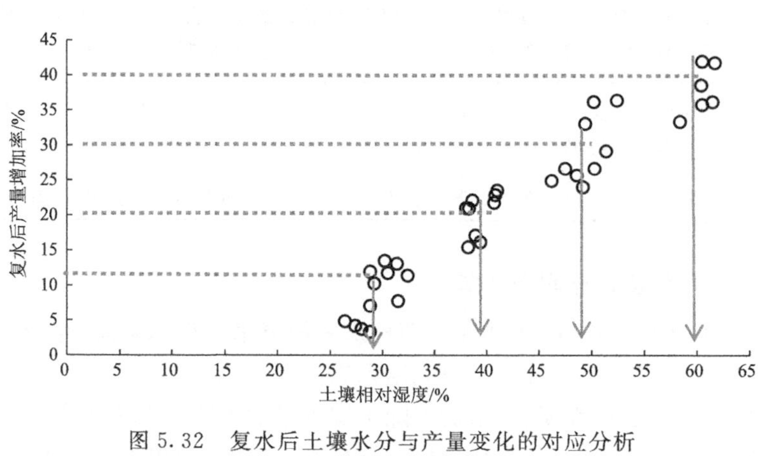

图 5.32　复水后土壤水分与产量变化的对应分析

表 5.3　基于土壤相对湿度(R_{sm})的干旱复水等级指标

<table>
<tr><th rowspan="2">干旱等级</th><th rowspan="2">干旱类型</th><th rowspan="2">R_{sm}/%</th><th colspan="2">等级指标</th></tr>
<tr><th>复水量/%(平均灌溉量的百分比)</th><th>产量增加率/%</th></tr>
<tr><td rowspan="3">1</td><td rowspan="3">轻旱</td><td rowspan="3">$50<R_{sm}\leqslant 60$</td><td>50</td><td>11～13</td></tr>
<tr><td>75</td><td>33～36</td></tr>
<tr><td>100</td><td>40～43</td></tr>
<tr><td rowspan="3">2</td><td rowspan="3">中旱</td><td rowspan="3">$40<R_{sm}\leqslant 50$</td><td>50</td><td>7～10</td></tr>
<tr><td>75</td><td>24～29</td></tr>
<tr><td>100</td><td>33～36</td></tr>
<tr><td rowspan="3">3</td><td rowspan="3">重旱</td><td rowspan="3">$30<R_{sm}\leqslant 40$</td><td>50</td><td>3～7</td></tr>
<tr><td>75</td><td>15～18</td></tr>
<tr><td>100</td><td>24～27</td></tr>
<tr><td rowspan="3">4</td><td rowspan="3">特旱</td><td rowspan="3">$R_{sm}\leqslant 30$</td><td>50</td><td>3～6</td></tr>
<tr><td>75</td><td>13～16</td></tr>
<tr><td>100</td><td>20～24</td></tr>
</table>

5.6.4　基于土壤水分的干旱解除临界条件

特重干旱与重度干旱的棉花三种梯度的复水均不能解除其所受的干旱胁迫，中度干旱的棉花复水 50%、75%时未解除干旱，复水 100%时土壤相对湿度超过 60%，干旱胁迫解除，干旱解除的临界复水量为 75%～100%。轻度干旱的棉花复水 50%时未解除干旱，复水 75%、100%时均成功解除干旱，干旱解除的复水量为 50%～75%。

第 6 章 棉花气象灾害风险预警服务系统

新疆是我国最大的优质棉主产区，多年来棉花面积、产量居全国首位。大量研究表明，气象条件对棉花生产存在重大影响(李迎春 等，2022；胡启瑞 等，2023；刘延雪 等，2023；芮建梅 等，2022；徐杨 等，2022)。气象条件研究方面的数据支撑显得尤为重要(李玉华 等，2021；荣云鹏 等，2021)。建设基于大数据、云计算和地理信息技术的新疆棉花气象灾害风险预警服务系统，实现全疆棉花相关气象数据的集中存储、统计分析、实景应用及成果展示，为相关农口单位及农户提供决策建议服务，有助于新疆棉花产业数字化水平的提升，推动棉花气象为农服务高质量发展。

6.1 系统建设目标及架构

6.1.1 建设目标

新疆棉花气象灾害风险预警服务系统综合考虑棉农的实际需求及气象相关科研部门的数据和业务成果，展示新疆棉花与气象相关的多方面数据。系统具体建设目标包括：(1)气象业务数据，提供基于位置的实时数据、预报预警数据；(2)历史统计，实现过去 30 年历史气象数据的查询统计；(3)技术服务，提供棉花关键生育期预报、适应性种植区域划分、棉花生长适宜度评价等。

6.1.2 总体架构

新疆棉花气象灾害风险预警服务系统整合了多种功能的大数据系统，实现了棉花动态生长与相关气象数据的存储与应用，兼顾信息资源整合、数据共享、数据分析等功能。具有良好的兼容性、迭代性与高效性。系统总体架构由硬件支撑层、数据资源层、服务资源层、资源应用层和用户层构成(图 6.1)。

(1)硬件支撑层，包括网络通信设备、数据及应用服务器设备等。

(2)数据资源层，包括新疆各地区国家级气象站实况数据、5 km×5 km 网格 24 h、3 d 及 10 d 预报数据、预警信号数据、30 a 历史气候数据、棉花气象服务产品数据等。

(3)服务资源层以数据资源为基础，实现各数据资源的注册管理、服务接口、服务安全调用等功能。

(4)资源应用层，包括 Web 端应用和移动端应用，具有综合展示、查询、统计分析和预报决策等功能。

(5)用户层，包括新疆气象局、新疆农业气象台等相关单位以及全疆各地区棉花行业的种植户、技术人员、企业等。

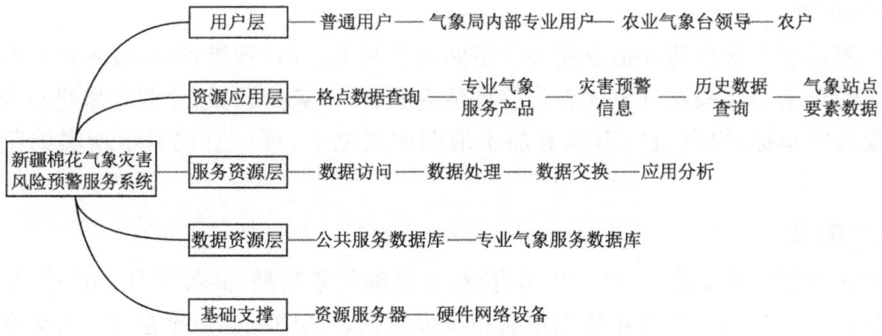

图 6.1　新疆棉花气象灾害风险预警服务系统总体构架

6.2　系统数据库建设

数据是服务系统的核心要素，新疆棉花气象灾害风险预警服务系统建设了以下九类数据库：(1)新疆国家级气象站点实况数据库，包括各站点的名称、站号、坐标、气温、降水、湿度、气压、风向、风速等实时数据。(2)新疆区域气象网格数据库，包括精度为 5 km×5 km 气温、降水、湿度、风向、风速等实况数据、未来 24 h、3 d 预报数据及未来 10 d 温度、降水预报数据。(3)气象预警数据库，包括新疆各区域实时气象预警数据。(4)历史气象数据库，包括新疆过去 30 a 整编日、旬、月、年的平均气温、降水等数据。(5)农田小气候站点数据库，包括新疆不同区域农田小气候站点的土壤湿度、气温数据、棉田实景图片数据。(6)服务产品数据库，主要包括新疆农业气象台发布的各类棉花气象服务产品。(7)积温数据库，包括新疆各地过去 30 a 积温、该年积温及去年积温数据。(8)棉花气候适宜度评价数据库，该数据库基于网格气象数据及棉花适宜生长气象指标建立。(9)棉花气象灾害预报数据库，该数据库基于网格数据及棉花生长气象灾害指标建立。

6.3　系统核心功能

为保证数据的实用、准确、科学，新疆棉花气象灾害风险预警服务系统建设了监测预报、灾害预警、气候图表、技术服务、我的棉田五大核心功能。

6.3.1　监测预报

监测预报功能包含站点实况、预警信号、格点预报、棉田实景、土壤水分五项子功能。(1)站点实况，以高德地图为底图，将新疆区域内 66 个国家级气象站标记于地图上，点击各站点可展示该时次站点气温、湿度、降水、能见度、风向风速要素数据。(2)预警信号，在地图中以预警图标标记当前时间各地区已发布的预警情况，预警数据来源于新疆各县级气象局。(3)格点预报，点击新疆区域内任意点，可获取当前坐标内 5 km×5 km 范围当前时次未来 24 h 逐小时、未来三天的气温、湿度、风向风速、能见度要素的预报数据，以及未来十天每天的最高温、最低温和平均降水预报数据。(4)棉田实景，展示新疆区域各农田小气候站逐小时实景图片以及田间小气候要素数据。(5)土壤水分，在新疆地图中标记各农田小气候站点，根据时次、土壤含水量及土壤相对湿度，进行数据的查询。

6.3.2 灾害预警

灾害预警功能包含预警评估及灾害预报两项子功能。(1)预警评估，展示由新疆农业气象台权威发布的未来一周棉花气象灾害预警评估内容。(2)灾害预报，全疆气象格点预报数据结合棉花气象灾害指标，以色斑图形式叠加于地图图层之上，可以直观显示新疆棉花气象灾害区域。

6.3.3 气候图表

气候图表功能数据取自1991—2020年30 a整编气象数据，涵盖了日、旬、月、年的平均气温、降水、日照时长数据以及每年的无霜期和积温数据。其中积温数据包含了有效积温和活动积温。该功能以图表的形式直观展示了历史气象数据变化，为气候分析、统计提供数据支持。

6.3.4 技术服务

技术服务功能为用户展示各类棉花气象服务产品，如棉花关键发育期预报、棉花生长气象条件评价、种植实用技术等。此外，棉花生长评价结合了格点预报与棉花生长适宜度指标，以色斑图形式叠加于地图图层之上展示，用户可直观了解新疆棉花生长适宜度区域划分。

6.3.5 我的棉田

我的棉田功能为移动端独有功能，基于手机GPS定位系统，为用户匹配当前定位地点的棉田气象实况、预报数据、气象灾害预警及生长适宜度等级信息。此外，用户可根据棉田经纬度录入棉田基本信息，以匹配以上气象数据。

6.4 系统建设关键技术

6.4.1 数据采集技术

近年来，新疆先后建立了国家气象观测站、区域气象自动站、农田实景观测站数千个，采集的数据实时传输至气象信息中心。这些数据不仅对气象业务部门提高灾害性天气的监测能力有极大帮助，而且对各领域升级气象服务水平有着极其重大的意义(杨远恒 等，2022；崔玉玲 等，2022；周雪莹 等，2022；肖晶晶 等，2017)。

6.4.2 大数据平台技术

新疆棉花气象灾害风险预警服务系统依靠的数据平台为“天擎”系统，是以“云＋端”为设计思路实现的“数算一体”的平台，各业务系统的输入输出数据均进行统一集约化管理。通过以下关键技术满足发生变化的业务需求：(1)采用分布式集群运行技术实现系统的动态可扩展；(2)策略驱动设计实现系统的灵活性；(3)实现多协议数据归档、敏感数据归档、转储数据归档的功能，满足多场景数据归档需求；(4)提供丰富的数据回取服务接口，提升回取数据服务便捷性；⑤归档数据全流程追溯和归档业务各环节数据量统计，保证数据归档的完整性和正确性；⑥规范化的磁带管理，实现归档的磁带服务。

6.4.3 气象数据格点化技术

新疆地域辽阔，各地气候差异明显，为了得到精细化的气象要素空间分布情况，借助地理信息系统在全疆范围进行栅格化，处理设置大小为5 km×5 km的正方形栅格点。此外，建立气象要素与地理因子(海拔、经度、纬度)三维二次模型，进行气象要素的细栅格推算，每个栅格的气象要素模拟值由相邻的几个监测站的监测值计算出来，通过插值算法，全疆范围内每个栅格点都拥有一组气象数据，从而获得全疆气候资源精细化空间分布。

6.4.4　灾害与生长适宜区域划分

基于格点气象数据、棉花灾害与生长适宜气象指标，借助地理信息系统对数据进行挖掘、分析和应用有着重要意义。通过分析棉花对气象条件的生长需求及灾害条件，结合气温、积温、无霜期、高温、低温等数据，将新疆棉花种植区域分为适宜、次适宜和不适宜三个等级；根据灾害程度将新疆棉花种植区分为重度、中度、轻度和无灾害四个等级。以数据指标为依据，借助全疆气象网格化模型，计算出各网格棉花适宜区域和灾害等级，并将每种等级对应一种色标，叠加渲染在地图上，得到新疆地区每时次棉花灾害与生长适宜区域划分图。基于该功能，棉花行业管理者和技术人员可在各区域进行棉花相应的扩种或减种，合理调整种植比例，科学指导当地棉花生产。

6.5　系统服务应用与实践

6.5.1　棉区霜冻灾害分析

利用格点化技术结合棉花霜冻指标，分析了北疆棉区霜冻发生情况（表 6.1）。近 30 a 北疆棉区终霜冻共发生 330 次，其中轻霜 149 次、中霜 98 次、重霜 83 次。北疆棉区春季霜冻区域年均发生次数轻霜较多，其中博乐棉区发生最多，0.60 次/a、塔城棉区 0.50 次/a、昌吉州棉区 0.47 次/a、石河子棉区 0.34 次/a；中霜，石河子棉区发生次数最多，为 0.35 次/a；重霜，石河子棉区发生次数最多，为 0.31 次/a，博尔塔拉蒙古自治州（以下简称博州）棉区发生次数最少，0.15 次/a。北疆棉区春季霜冻灾害主要分布在天山北坡，特别是塔城地区南部、石河子地区东部及南部、昌吉州南部、博州东部属于高等级终霜冻灾害区域。塔城地区中部、石河子地区中部、昌吉州地区北部、博州地区中部均属较高等级危险，其他地区属于较低等级或低等级。

表 6.1　北疆棉区春季霜冻年均发生次数　（单位：次/a）

终霜冻	博州棉区	昌吉州棉区	塔城棉区	石河子棉区
轻霜	0.60	0.47	0.50	0.34
中霜	0.25	0.27	0.28	0.35
重霜	0.15	0.27	0.22	0.31

6.5.2　棉区大风灾害分析

利用格点化技术结合棉花大风指标，分析了北疆棉区大风灾害发生情况（图 6.2）。北疆棉花各站点中，发生次数较高的是精河和呼图壁，近 30 a 精河平均发生 14 d，呼图壁平均 8 d，其余站点为 1～7 d。石河子棉区大风日数年平均 2～4 d，除乌兰乌苏大风日数呈减少趋势外，其他均呈不同程度增加趋势，大风日数的峰值出现在 2012 年，炮台 5 d、莫索湾 20 d、石河子 4 d，大风日数发生较高的是莫索湾，其次是乌兰乌苏、石河子、炮台。昌吉州棉区除玛纳斯外，其他地方均呈不同程度增加趋势，近 30 a 玛纳斯平均 3 d、昌吉平均 7 d、呼图壁平均 8 d，大风发生较高的是呼图壁，其次是昌吉、玛纳斯。博州棉区近 30 a 均呈减少趋势，博乐平均 2 d，精河平均 14 d。从空间看，北疆西北部是大风强度的高值区，主要集中在博州棉区、塔城南部棉区、昌吉州西部棉区。

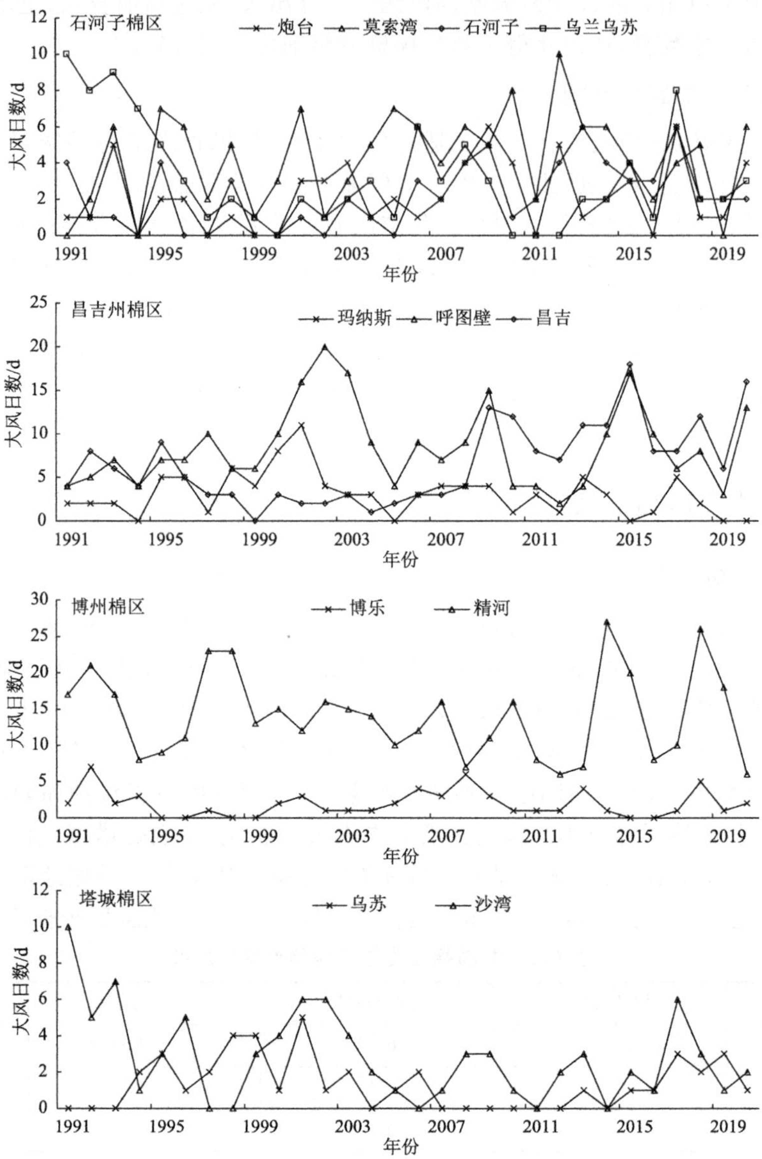

图 6.2　北疆不同棉区大风日数变化趋势

新疆棉花气象灾害风险预警服务系统整合了多种功能的大数据系统，建设了集气象实况、预报、预警、气候数据、灾害及适应区划等为一体的全方位多角度棉花气象数据库，实现了棉花动态生长与相关气象数据的存储与应用，兼顾信息资源整合、数据共享、数据分析等功能。具有良好的兼容性、迭代性与高效性。该系统打破了传统的气象为农服务模式，将用户需求与气象信息无缝隙匹配，实现面向农户"一对一"的智慧气象服务，满足现代农业精细化服务需求，有效提升气象为农服务的智慧化水平。未来仍需对系统继续改进优化，进一步挖掘用户需求，打造更加精准、实用的新疆棉花气象灾害风险预警服务系统。

参考文献

艾克拜尔·伊拉洪,周抑强,徐江,等,2000.土壤水分对不同品种棉花叶片蒸腾及脯氨酸含量的影响[J].新疆农业科学(1):44-46.

卜令铎,张仁和,韩苗苗,等,2009.干旱复水激发玉米叶片补偿效应的生理机制[J].西北农业学报,18(2):88-92.

卜令铎,张仁和,常宇,等,2010.苗期玉米叶片光合特性对水分胁迫的响应[J].生态学报,30(5):1184-1191.

蔡红涛,汤一卒,刁品春,等,2008.棉花花铃期土壤持续干旱胁迫对产量形成的调节效应[J].棉花学报,20(4):300-305.

蔡焕杰,康绍忠,1997.棉花冠层温度的变化规律及其用于缺水诊断研究[J].灌溉排水,16(1):1-5.

曹让,梁宗锁,吴洁云,等,2013.干旱胁迫及复水对棉花叶片氮代谢的影响[J].核农学报,27(2):231-239.

曹伟,魏光辉,李汉飞,2014.干旱区不同毛管布置方式下膜下滴灌棉花根系分布特征研究[J].灌溉排水学报,33(4/5):159-162.

陈玉梁,石有太,罗俊杰,等,2013.干旱胁迫对彩色棉花农艺、品质性状和水分利用效率的影响[J].作物学报,39:2074-2082.

程冬玲,吴恩忍,2001.棉花膜下滴灌两种布设方式的试验研究[J].干旱地区农业研究,19(4):87-91.

程林梅,张原根,阎继耀,等,1996.干旱和复水对棉花叶片几种生理指标的影响[J].棉花学报,23(2):17-18.

崔玉玲,马雷凯,李阿桥,等,2022.新疆气象大数据+棉花科创助农平台建设与应用[J].中国棉花,49(4):6-9.

戴茂华,刘丽英,庞昭进,等,2015.不同棉花品种对干旱胁迫的生理响应及抗旱性评价[J].中国农学通报,31(21):98-101.

杜传莉,黄国勤,2011.棉花主要抗旱鉴定指标研究进展[J].中国农学通报,27(9):17-20.

费克伟,罗晓丽,司怀军,2013.五个棉花品种抗旱性与SOD活性相关性分析[J].作物杂志(6):134-136.

付恒阳,姬国斌,2016.干旱区膜下滴灌棉花需水规律及灌溉制度研究[J].人民黄河,38(1):144-148.

关红杰,2013.干旱区滴灌均匀系数对土壤水氮及盐分分布和棉花生长的影响[D].北京:中国水利水电科学研究院.

郭纪坤,2007.陆地棉抗旱耐盐及产量、形态性状的QTL定位研究[D].乌鲁木齐:新疆农业大学.

郭金强,危常州,侯振安,等,2005.北疆棉花膜下滴灌耗水规律的研究[J].新疆农业科学,42(4):205-209.

国家标准化管理委员会,2006.气象干旱等级:GB/T 20481—2006[S].北京:中国标准出版社.

国家统计局,2022.中国统计年鉴[M].北京:中国统计出版社.

韩会玲,康凤君,2001.水分胁迫对棉花生产影响的试验研究[J].农业工程学报,17(3):37-40.

何海军,寇思荣,王晓娟,2011.干旱胁迫对不同株型玉米光合特性及产量性状的影响[J].干旱地区农业研究.29(3):63-66.

胡根海,张金宝,王清连,等,2010.短期水分亏缺对百棉1号苗期生理特性的影响[J].广东农业科学(3):76-79.

胡明芳,田长彦,马英杰,2002.不同水肥条件下棉花苗期的生长、养分吸收与水分利用状况[J].干旱地区农业研究,20(3):35-37.

胡启瑞,谷然,李新建,等,2023.1971—2020年石河子棉区≥10℃积温变化特征分析[J].沙漠与绿洲气象,17(1):171-175.

吉春容,白书军,胡启瑞,等,2019.棉田干旱指标研究进展[J].沙漠与绿洲气象,13(1):136-143.

江远安,赵逸舟,陈颖,等,2010.干旱指数CI的确定及其在新疆的应用[J].沙漠与绿洲气象,4(2):18-20.

姜鹏,李曼华,2013.不同时期干旱对玉米生长发育及产量的影响[J].中国农学通报,29(36):222-235.

鞠笑生,杨贤为,陈丽娟,等,1997.我国单站旱涝指标确定和区域旱涝级别划分的研究[J].应用气象学报,8(1):26-33.

康西言,顾光芹,史印山,等,2011.冬小麦干旱指标及干旱预测模型研究[J].中国生态农业学报,7(4):860-865.

李柏贞,周广胜,2014.干旱指标研究进展[J].生态学报,34(5):1043-1052.

李秉柏,陆景淮,吴金栋,1995.旱涝灾害对江苏棉花生产影响初探[J].中国农业气象,16(3):23-26.

李纪人,2001.旱情遥感监测方法及其进展[J].水文,21(4):15-17.

李锦秀,郭勇智,崔蓉,等,2022.干旱胁迫对玉米雄穗发育特征及产量的影响[J].华南农业大学学报,43(3):26-33.

李景慧,韩焕勇,王方永,等,2014.膜下滴灌毛管配置对棉花冠层特性及产量的影响[J].西南农业学报,27(1):65-70.

李迎春,郭燕云,王雪姣,等,2022.2021年新疆棉花生长气象条件分析[J].中国棉花.49(2):1-3.

李玉华,褚希,车军辉,等,2021."锄禾问天"智慧气象为农服务系统的设计与开发[J].中国农学通报,37(10):107-112.

李志博,林海荣,魏亦农,等,2011.北疆主栽棉花抗旱性生育期差异评价及鉴定体系的初步建立[J].干旱地区农业研究.29(3):84-90.

刘灵娣,李存东,孙红春,等,2007.干旱对棉花叶片碳水化合物代谢的影响[J].棉花学报,19(2):129-133.

刘灵娣,李存东,高雪飞,2008.干旱对不同铃重棉花不同区位果枝叶可溶性蛋白及脯氨酸含量的影响[J].华北农学报,23(5):165-169.

刘灵娣,李存东,孙红春,2009.干旱对不同铃重基因型棉花叶片细胞膜伤害、保护酶活性及产量的影响[J].棉花学报,21(4):296-301.

刘瑞显,郭文琦,陈兵林,等,2008.氮素对花铃期干旱及复水后棉花叶片保护酶活性和内源激素含量的影响[J].作物学报,34(9):1598-1607.

刘宪锋,朱秀芳,潘耀忠,等,2015.农业干旱监测研究进展与展望[J].地理学报,70(11):1835-1848.

刘宪锋,傅伯杰,2021.干旱对作物产量影响研究进展与展望[J].地理学报,76(11):2632-2646.

刘晓英,郝卫平,张健,2005.农田尺度下干旱指标及应用[J].中国农业气象,26(2):99-105.

刘延雪,乔长录,2023.干旱区绿洲膜下滴灌棉田蒸散发[J].干旱区研究,40(1):152-16.

刘昭伟,张盼,王瑞,等,2014.花铃期土壤持续干旱对棉铃对位叶气体交换参数和叶绿素荧光特性的影响[J].应用生态学报,25(12):3533-3539.

罗宏海,张亚黎,张旺锋,等,2008.新疆滴灌棉花花铃期干旱复水对叶片光合特性及产量的影响[J].作物学报,34(1):171-174.

罗宏海,韩焕勇,张亚黎,等,2013.干旱和复水对膜下滴灌棉花根系及叶片内源激素含量的影响[J].应用生态学报,24(4):1009-1016.

吕殿青,王全九,王文焰,等,2002.膜下滴灌水盐运移影响因素研究[J].土壤学报,39(6):794-801.

吕宁,侯振安,2007.不同灌溉方式下咸水灌溉对棉花根系分布的影响[J].灌溉排水学报,26(5):56-58.

麻雪艳,周广胜,2018.夏玉米叶片气体交换参数对干旱过程的响应[J].生态学报,38(7):2372-2383.

马富裕,严以绥,2002.棉花膜下滴灌技术理论与实践[M].乌鲁木齐:新疆大学出版社,

马富裕,周治国,郑重,等,2004.新疆棉花膜下滴灌技术的发展与完善[J].干旱地区农业研究,22(3):202-208.

牛静,2016.花铃期干旱胁迫复水后棉花根系的补偿机制研究[D].北京:中国农业科学院.

牛静，张雷，张思平，等，2016. 花铃期干旱胁迫复水后棉花产量和纤维品质的变化研究[J]. 棉花学报，28(6)：584-593.

牛玉萍，陈宗奎，杨林川，等，2016. 干旱区滴灌模式和种植密度对棉花生长和产量性能的影响[J]. 作物学报，42(10)：1506-1515.

荣云鹏，杨涛，李玉华，等，2021. 气象为农服务网络体系建设的探索——以山东省“新农民·气象哨”网络为例[J]. 湖北农业科学，60(10)：195-200.

芮建梅，李茂春，芮建文，等，2022. 1985—2021年新疆哈密伊州区棉花生育期气候变化特征及其对棉花生长的影响[J]. 中国棉花，49(10)：333-337.

山仑，邓西平，张岁岐，2006. 生物节水研究现状及展望[J]. 中国科学基金(2)：66-71.

苏里坦，阿不都·沙拉木，虎胆·吐马尔白，等，2011. 干旱区膜下滴灌制度对土壤盐分分布和棉花产量的影响[J]. 土壤学报，48(4)：708-714.

田又升，谢宗铭，张建新，等，2016. 干旱复水对棉花苗期抗氧化系统及光合荧光参数的影响[J]. 干旱地区农业研究，34(6)：209-214.

田又升，叶春秀，范术丽，等，2017. 棉花蕾期干旱后复水在吐絮期补偿生长效应与铃数的相关性[J]. 贵州农业科学，45(10)：30-34.

王娟，2016. 基于计算机视觉的棉花干旱诊断研究[D]. 石河子：石河子大学.

王立为，谭月，张峻铖，等，2023. 开花期与块茎膨大期干旱胁迫及旱后复水对马铃薯影响的差异[J]. 中国农业气象，44(1)：13-24.

王利彬，祖伟，董守坤，等，2015. 干旱程度及时期对复水后大豆生长和代谢补偿效应的影响[J]. 农业工程学报，31(11)：150-156.

王密侠，胡彦华，熊运章，1996. 陕西省作物旱情预报系统的研究[J]. 西北水资源与水工程，7(2)：52-56.

王全九，王文焰，吕殿青，等，2000. 膜下滴灌盐碱地水盐运移特性研究[J]. 农业工程学报，16(7)：54-57.

王兴荣，张彦军，陈光荣，2023. 干旱胁迫对大豆光合、产量及品质的影响[J]. 干旱地区农业研究，41(2)：150-159.

王雪颖，吕慧捷，袁小伟，等，2022. 新疆棉花产业链发展现状及展望[J]. 山西农经(9)：1-4，8.

王延琴，杨伟华，许红霞，2009. 水分胁迫对棉花种子萌发的影响[J]. 棉花学报，21(1)：73-76.

王允喜，李明思，魏闯，等，2010. 毛管间距对膜下滴灌棉花根系及植株生长的影响[J]. 灌溉排水学报，29(1)：68-73.

危常州，马富裕，雷咏雯，2002. 棉花膜下滴灌根系发育规律的研究[J]. 棉花学报，14(1)：209-214.

吴凤燕，王晓红，胡铁松，2004. 灌区农业干旱模拟与灌溉效益评估[J]. 中国农村水利水电(3)：27-29.

吴金芝，王志敏，李友军，等，2015. 干旱胁迫下不同抗旱性小麦品种产量形成与水分利用特征[J]. 中国农业大学学报，20(6)：25-35.

肖晶晶，霍治国，姚益平，等，2013. 棉花节水灌溉气象等级指标[J]. 生态学报，33(22)：7288-7299.

肖晶晶，姚益平，金志凤，等，2017. 基于 WebGIS 的农业气象业务平台的设计与实现[J]. 气象与环境科学，40(4)：132-139.

徐飞鹏，李云开，任树梅，2003. 新疆膜下滴灌技术的应用与发展的思考[J]. 农业工程学报，19(1)：25-17.

徐向阳，2006. 水灾害[M]. 北京：中国水利水电出版社：93-104.

徐杨，李秀芬，葛全胜，等，2022. 气象干旱对中亚棉花产量的影响[J]. 地理学报. 77(9)：2338-2352.

薛晓萍，赵红，陈延玲，等，1999. 山东棉花产量旱灾损失评估模型[J]. 气象，25(1)：25-29.

杨传杰，罗毅，孙林，等，2012. 水分胁迫对覆膜滴灌棉花根系活力和叶片生理的影响[J]. 干旱区研究，29(5)：802-810.

杨明凤，王金梅，吉春容，等，2021. 干旱胁迫对棉花生长发育和光合荧光参数的影响[J]. 中国农学通报，37(13)：22-28.

杨鹏年,吴彬,王水献,等,2014. 干旱区不同地下水埋深膜下滴灌灌溉制度模拟研究[J]. 干旱地区农业研究,32(3):76-82.

杨远恒,李进讷,廖婷婷,等,2022. 气象业务系统融入"天擎""天镜"技术要点分析[J]. 中低纬山地气象,46(6):4-8.

姚玉璧,张存杰,邓振镛,等,2007. 气象、农业干旱指标综述[J]. 干旱地区农业研究,25(1):185-189,211.

叶建刚,申双和,吕厚荃,2009. 修正帕默尔干旱指数在农业干旱监测中的应用[J]. 中国农业气象,30(2):257-261.

弋鹏飞,虎胆·吐马尔白,王一民,等,2011. 干旱区棉花膜下滴灌优化灌溉制度的试验研究[J]. 水土保持通报,31(1):53-57.

俞希根,孙景生,肖俊夫,等,1999. 棉花适宜土壤水分下限和干旱指标研究[J]. 棉花学报,11(1):35-38

袁文平,周广胜,2004. 干旱指标的理论分析与研究展望[J]. 地球科学进展,19(6):982-991.

张前兵,2014. 干旱区不同管理措施下绿洲棉田土壤呼吸及碳平衡研究[D]. 石河子:石河子大学.

张强,高歌,2004. 我国近 50 年旱涝灾害时空变化及监测预警服务[J]. 科技导报,7:21-24.

张琼,李光永,柴付军,2004. 棉花膜下滴灌条件下灌水频率对土壤水盐分布和棉花生长的影响[J]. 水利学报,35(9):1-5.

张旺锋,王振林,余松烈,等,2002. 膜下滴灌对新疆高产棉花群体光合作用冠层结构和产量形成的影响[J]. 中国农业科学,35(6):632-637.

张向娟,张亚黎,张天宇,等,2014. 棉花长期干旱后复水叶片光合特性及碳氮含量的变化[J]. 石河子大学学报,32(2):138-142.

张原根,程林梅,阎继耀,1995. 棉属种间杂交抗旱材料生理特性的研究[J]. 棉花学报,7(1):27-30.

赵都利,许玉璋,许萱,1992. 花铃期缺水对棉花干物质积累和用水效率的影响[J]. 干旱地区农业研究,10(3):7-10.

郑鹤龄,潘洁,晓娟,等,2008. 小麦不同调亏量灌溉试验研究[J]. 天津农业科学,14(2):26-28.

周牡丹,2015. 气候变化情景下新疆地区干旱指数及作物需水量预测[D]. 咸阳市:西北农林科技大学.

周雪莹,李显风,胡丽丽,2022. 江西省农田小气候观测数据服务平台的设计与实现[J]. 湖北农业科学,61(21):163-167.

朱建强,欧光华,2001. 花铃期涝渍胁迫对棉花农艺性状、经济性状的影响[J]. 中国棉花,28(9):14-16.

CHAVES M M,JOÃO P,MAROCO,et al,2003. Understanding plant responses to drought from genes to the whole plant[J]. Functional Plant Biology,30(3):239-264.

FALKENBERG N R,PICCINNI G,COTHREN J T,et al,2007. Remote-sensing of biotic and abiotic stress for irrigation management of cotton[J]. Agricultural Water Management,87(1):23-31.

GHANNOUM O,2009. C4 photosynthesis and water stress[J]. Annal of Botany,103(4):635-644.

HSUAO T C,FERERES E,ACEVEDO E,et al,1976. Water Stress and Dynamics of Growth and Yield of Crop Plants[M]//LANGE O L,KAPPEN L,SCHULZE E D,eds. Water and Plant Life. Berlin,Heidelberg:Springer-Verlag:281-305.

JALEEL C A,RAGUPATHI G,BEEMARAO S,et al,2007. Differential responses in water use efficiency in two varieties of Catharanthus roseus under drought stress[J]. Comptes Rendus-Biologies,331(1):42-47.

KANG S Z,ZHANG L,LIANG Y L,et al,2002. Effects of limited irrigation on yield and water use efficiency of winter wheat in the Loess Plateau of China[J]. Agric Water Manage,55:203-216.

KANG Y,CHEN M,WAN S,2010. Effects of drip irrigation with saline water on waxy maize(Zea mays L. var. ceratina Kulesh)in North China Plain[J]. Agric Water Manage,97:1303-1309.

KOLEVA E,ALEXANDROV V,2008. Drought in the Bulgarian low regions during the 20th century[J]. Theoretical Applied Climatology,92(1):113-120.

LAFTIEE H R, GUAN Y H, SHI Y, et al, 2007. Whole plant responses, key processes, and adaptation to drought stress: the case of rice[J]. Journal of experimental botany, 58(2): 169-75.

LIU C G, WANG Y J, PAN K W, et al, 2015. Plotosynthetic carbon and nitrogen metabolism and the relationship between their metabolites and lipid peroxidation in dwarf bamboo(Fargesia rufa Yi)during drought and subsequent recovery[J]. Trees, 29(6): 1633-1647.

LUO H H, ZHANG Y L, ZHANG W F, 2016. Effects of water stress and re-watering on photosynthesis, root activity, and yield of cotton with drip irrigation under mulch[J]. Photosynthetica, 54: 65-73.

MASCHINKI J, WHITHHAM T G, 1989. The continuum of plant responses to herbivory: the influence of plant association, nutrient availability and timing [J]. American Naturalist, 134: 1-19.

MO K C, CHELLIAH M, 2005. The modified palmer drought severity index based on the NCEP north American regional reanalysis[J]. Journal of Applied Meteorology and Climatology, 45(10): 1362-1375.

MUNNS R, 2002. Comparative physiology of salt and water stress [J]. Plant Cell and Environment, 25: 239-250

PAI D, SRIDHAR L, GUHATHAKURTA P, et al, 2011. District wide drought climatology of the southwest monsoon season over India based on standardized precipitation index (SPI) [J]. Nat Hazards, 59 (3): 1797-1813.

SOUZA C F, FOLEGATTI M V, OR D, 2009. Distribution and storage characterization of soil solution for drip irrigation[J]. Irrigation Science, 27: 277-288.

WU Y J, COSGROVE D J, 2000. Adaptation of roots to low water potential by change cell extensibility and cell wall proteins [J]. Journal of Experimental Botany, 51: 1543-1553.

ZHANG Y J, LIU Z X, WANG X R, et al, 2022. Identification of genes for drought resistance and prediction of gene candidates in soybean seedlings based on linkage and association mapping[J]. The Crop Journal, 10(3): 830-839.

无旱

轻旱

中旱

重旱

特旱

图 4.38　不同干旱程度下棉花叶片及植株形态特征

特旱

重旱

中旱

轻旱

无旱

图 5.31　50％灌溉量复水后叶片状态变化